Wilfried Kopenhagen

Flugzeuge und Hubschrauber der NVA

von 1971 bis zur Gegenwart

Militärverlag der Deutschen Demokratischen Republik

Bildautoren:

ADN/ZB 1, Gebauer 7, Grass 16, Gründer 3, Jeromin 4, Karos 1, Kopenhagen 96, MBD/Archiv 15, MBD/Fröbus 5, MBD/Tessmer 2, MBD/Zühlsdorf 2, Michna 3, Oltersdorf 1, Sammlung Kopenhagen 4, Stöhr 2, Swoboda 37, Willmann 2.

Flugzeuge und Hubschrauber der NVA von 1971 bis zur Gegenwart. – Berlin : Militärverlag der DDR, 1989. – 160 S. : 200 Ill.

ISBN 3-327-00768-3

Alle Angaben zu den Flugzeug- und Hubschraubertypen wurden den im Literaturverzeichnis genannten Quellen entnommen.

1. Auflage

Lizenz-Nr. 5
Printed in the German Democratic Republic
Satz und Druck: Druckerei des Ministeriums
für Nationale Verteidigung (VEB) – Berlin – 3 2337-9
Buchbinderische Verarbeitung: INTERDRUCK,
Graphischer Großbetrieb Leipzig
Lektor: Oberst d. R. Hans Strohbach
Gesamtgestaltung: Günter Hennersdorf
Redaktionsschluß: 30. 12. 1988
LSV: 0559
Bestell-Nr.: 747 198 5
01850

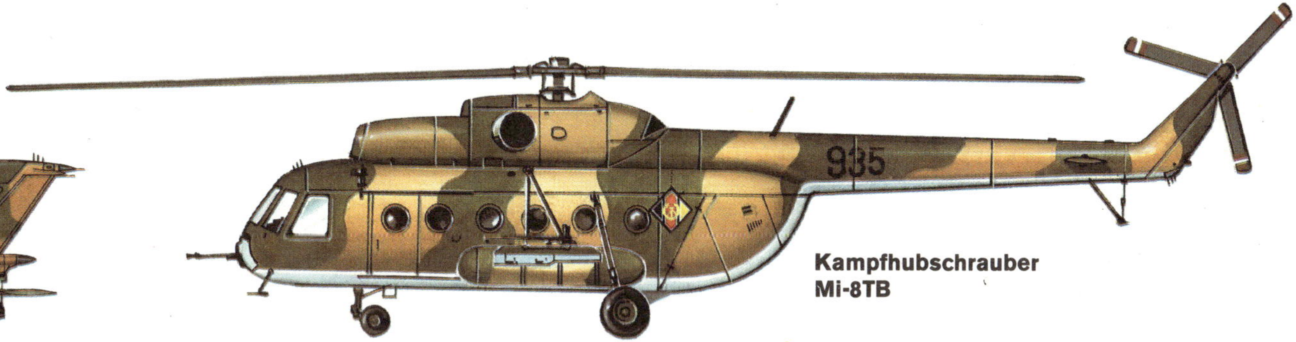

Kampfhubschrauber
Mi-8TB

Schul- und Übungsflugzeug
Su-22U

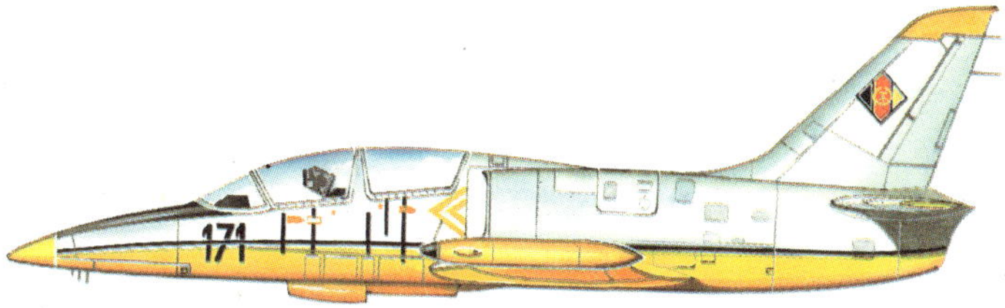

Schleppflugzeug
L-39V «Albatros»

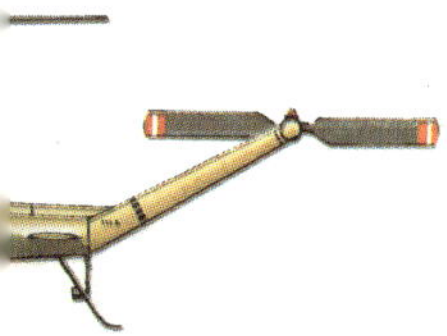

Transportflugzeug
An-26

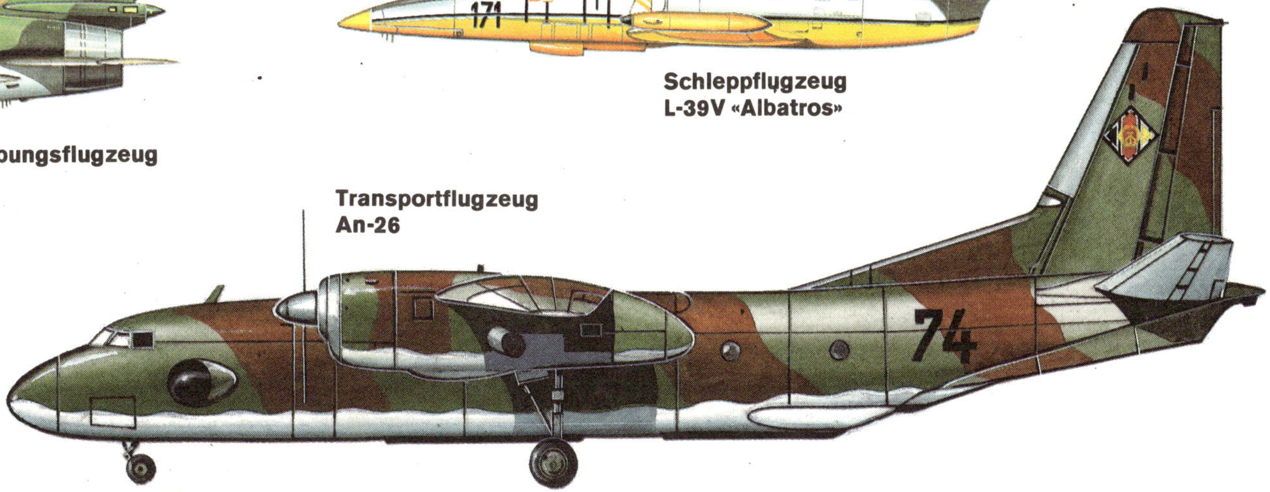

Vorwort

Als sich der Militärverlag der DDR im Jahre 1986 die Aufgabe stellte, eine Typenbuchreihe zur Technik und Bewaffnung der Nationalen Volksarmee zu veröffentlichen, wurde festgelegt, mit den Flugzeugen und Hubschraubern unserer Streitkräfte zu beginnen. Gern kam ich der Aufforderung des Militärverlages nach, diese Arbeit zu übernehmen.

Da die große Anzahl aller Typen und Modifikationen den geplanten Umfang eines Bandes überstiegen hätte, nahmen wir eine willkürliche Trennung in einen Teil für den Zeitraum 1956 bis 1970 und in einen weiteren für die Entwicklung von 1971 bis heute vor.

Das Buch «Flugzeuge und Hubschrauber der NVA von 1956 bis 1970» ist im Dezember 1988 erschienen. Zusammen mit dem Fortsetzungsband «Flugzeuge und Hubschrauber der NVA von 1971 bis zur Gegenwart» liegt nun eine nahezu komplette Übersicht zum Fluggerät der Nationalen Volksarmee von gestern und heute vor. Die Hubschrauber der Grenztruppen der DDR sind bei den entsprechenden Typen der NVA erwähnt worden.

Ähnlich wie bei dem ersten Band war das relativ kurzfristige Erarbeiten des Manuskripts nur möglich, weil ich mich auf eigene Veröffentlichungen in der Armee- und der GST-Presse sowie auf die Hilfe vieler Genossen stützen konnte, die ich aus den gemeinsamen Dienstjahren in den Luftstreitkräften kenne. Ihnen allen meinen herzlichen Dank.

Für die Begutachtung der Texte sowie für fachliche Hinweise zu Detailfragen schulde ich den Spezialisten aus den Bereichen von Generalleutnant Klaus Baarß, Generalmajor Erhard Telle, Generalmajor Wolfgang Büttner sowie Konteradmiral Hans Partzsch Dank. Mit speziellen Hinweisen halfen mir die Oberste Joachim Loos, Manfred Skeries und Rudolf Weber sowie die Oberstleutnante Gerhard Apitz, Bruno Buck, Wolfgang Dittrich, Dr. sc. Lothar Härtel, Thomas Hentschel, Hans-Joachim Heuke, Rainer Lukas, Wolfgang Pätz, Dietmar Putscher, Günther Thiermann und Klaus Weisenberg, außerdem Oberstleutnant d. R. Hans Stange und Dietrich Banach.

Allen, die mit Informationen, Daten und Fakten zum Gelingen des Vorhabens beitrugen, danke ich ebenso wie dem Zeichner Ralf Swoboda, mit dem mich eine jahrzehntelange Zusammenarbeit verbindet.

Wie bei den Recherchen zum ersten Band, so mußte ich auch bei dem Zusammenstellen und Sichten des Materials zum zweiten Band feststellen, daß einzelne Jahreszahlen, Details sowie Ereignisse in Vergessenheit geraten sind und daher manchmal Beschreibungen zu Einzelheiten Lücken aufweisen. Wiederum konnten einige Widersprüche in Quellenangaben sowie in den Darstellungen von Zeitzeugen nicht geklärt werden.

Autor und Verlag sind deshalb sehr dankbar für sachliche Ergänzungen sowie für Hinweise zu Bildquellen, um spätere Auflagen textlich und mit Abbildungen vervollständigen zu können.

Berlin, am 2. Januar 1989
Wilfried Kopenhagen

TEIL 1

Die Entwicklung der Luftstreitkräfte/Luftverteidigung der NVA von 1971 bis zur Gegenwart

Beginn einer neuen Entwicklungsetappe

Zu Beginn der 70er Jahre war die Nationale Volksarmee der DDR noch mit Flugzeugen und Hubschraubern ausgerüstet, die aus der Formierungsetappe der 50er Jahre sowie aus der zweiten Entwicklungsetappe, den 60er Jahren, stammten.[1] Die vom Anfang der 70er bis in die 80er Jahre reichende dritte Etappe der Entwicklung unserer Luftstreitkräfte/Luftverteidigung ist vor allem durch das qualitative Wachsen jener Faktoren gekennzeichnet, die Kampfkraft und Gefechtsbereitschaft bestimmen. Generaloberst Wolfgang Reinhold, Stellvertreter des Ministers für Nationale Verteidigung und Chef der Luftstreitkräfte/Luftverteidigung, nennt als wichtigste Merkmale die-

1 Einteilung in drei Entwicklungsetappen nach: W. Reinhold, Luftraum der DDR ist sicher geschützt. In: Militärwesen, Berlin, H. 1-2/86, S. 25 ff.

In der Kontroll- und Reparaturstaffel ist das Heck einer MiG-23 gezogen worden

ser Etappe die Einführung elektronischer Rechentechnik in die Truppen der Luftverteidigung zur Entschlußfassung und Gefechtsführung, das Zuführen von Kampfflugzeugen der dritten Generation und von Fla-Raketenkomplexen unterschiedlicher Zweckbestimmung sowie von Funkmeßstationen hoher Leistung und Störfestigkeit.[2]

Was ist unter Kampfflugzeugen der dritten Generation zu verstehen?

Insbesondere im Fliegeringenieurdienst der NVA hat es sich eingebürgert, die Entwicklung der LSK/LV der NVA nicht in die erwähnten drei Etappen zu gliedern, sondern nach Flugzeuggenerationen sowie nach dem Ausrüstungsstand des Fluggerätes. Danach gehören zur ersten Generation unserer Flugzeuge und Hubschrauber die Typen MiG-15, MiG-17, MiG-19, Mi-1, Mi-4 und Il-14. Ihre Elektronik war noch mit diskreten Bauelementen ausgestattet.

Zur zweiten Generation zählen die MiG-21, der Mi-8 und die Il-18, ausgerüstet mit umfangreicher Elektronik auf der Grundlage von Halbleiterbauelementen sowie mit einfachen Analogrechnern. Das Fluggerät dieser beiden Generationen ist in dem Buch «Flugzeuge und Hubschrauber der NVA von 1956 bis 1970» zusammengefaßt, das 1988 im Militärverlag der DDR erschienen ist.

Zu den Flugzeugen und Hubschraubern der dritten Generation zählen die Typen MiG-23, Su-22 und Mi-24. Ihre Ausrüstung ist geprägt durch Bordkomplexe, den Beginn der Mikroelektronik, durch Analogrechner und einzelne Digitalrechner.

Das Fluggerät der vierten Generation wird sich durch entwickelte Bordkomplexe, eine hochintegrierte Mikroelektronik, digitale Signalbearbeitung und Digitalrechner auszeichnen.

Gleichlaufend mit der Übernahme von Fluggerät der dritten Generation wurden Typen der früheren Generationen modernisiert, da es aus verschiedenen Gründen nicht möglich ist, das gesamte vorhandene Fluggerät auszumustern und durch andere Typen zu ersetzen.

Armeefliegerkräfte entstehen

In dieser dritten Entwicklungsetappe sind in den Luftstreitkräften der NVA auch neue Arten von Fliegerkräften entstanden. So entwickelten sich aus den vornehmlich für Verbindungs- und Transportaufgaben vorgesehenen Hubschrauberkräften die mit Kampfhubschraubern ausgestatteten Armeefliegerkräfte als heutige Waffengattung der Landstreitkräfte.[3] Zu ihren Aufgaben gehört es, im Gefecht zu handeln, Aufklärungs- und Verbindungsflüge zu unternehmen, Transporte und Luftlandungen zu unterstützen.[4] Beim Angriff haben sie das Feuer zu unterstützen und den Truppen auf dem Gefechtsfeld mit der gesamten Feuerkraft ihrer Waffen zu helfen. Ziele sind Kernwaffenangriffsmittel, Panzer, Führungsstellen und ähnliches. Luftlande- und Transporthubschrauber sind zu decken, im Landeraum ist der Gegner niederzuhalten, Hubschrauber sind zu begleiten und gegen Angriffe zu decken, die Luftlandetruppen sind im Landungsraum zu unterstützen. Außerdem sind Hindernisse zu legen (z. B. Minen mit Hilfe von Rutschen) sowie die Rückzugswege der gegnerischen Truppen zu stören.

Zu den Aufklärungs- und Verbindungsaufgaben der Armeefliegerkräfte zählen die Luft-, die Pionier-, die chemische und die Funkmeßaufklärung sowie -beobachtung. Das Feststellen möglicher Übersetzstellen und Stellungen der Artillerie, das Sichern der Truppenführung während des Marsches, das Korrigieren des Artilleriefeuers, die funkelektronische Gegen-

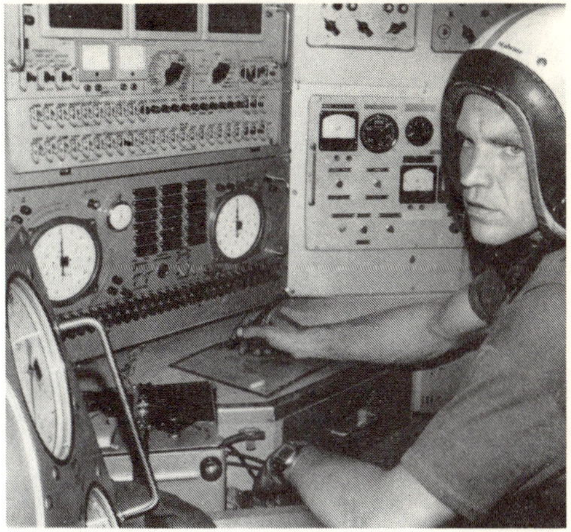

Das gab es vor der MiG-23 noch nicht – das Fahrzeug für die komplexe Kontrolle; hier ein Blick in das Innere

2 Ebenda, S. 27.

3 Armeerundschau, Berlin, H. 3/87, S. 97.

4 Sport und Technik, Berlin, H. 3/87, S. 15.

Der Mi-24D der Armeefliegerkräfte in der Funktion als Transporter für Luftlandesoldaten

wirkung, das Aufrechterhalten von Nachrichtenverbindungen, aber auch die Zielzuweisung an Flugzeuge sowie andere Flüge zur Führung der Fliegerkräfte sowie der Truppen sind unter den Aufklärungs- und Spezialaufgaben zu verstehen.

Das Landen oder Absetzen von Truppen, der Transport von Soldaten und Lasten in die Räume der Kampfhandlungen, das Rückführen von Einheiten nach dem Erfüllen der Gefechtsaufgabe, der Abtransport von Kranken oder Geschädigten, das Retten der Besatzungen von Flugzeugen und Hubschraubern sowie auch von Seefahrzeugen oder das Forcieren von Wasserhindernissen zählen zu den Aufgaben der Armeefliegerkräfte.

Je nach ihrem Verwendungszweck sind die Hubschrauber der Armeefliegerkräfte mit unterschiedlicher Bewaffnung, mit Panzerung sowie mit Geräten für Flüge bei Nacht sowie unter schwierigen Wetterbedingungen ausgestattet. Die Bewaffnung der Kampfhubschrauber gilt als besonders wirksam zum Bekämpfen von Panzern und gepanzerten Fahrzeugen, zur Feuerunterstützung der Bodentruppen und zur Verfolgung des Gegners.

In diesem dünnen Tragflügel ist kein Platz für das Hauptrad

Rollen zum Start, 17 Prozent auf das Anrollen, 25 Prozent auf die Landung, 26 Prozent auf das Ausrollen nach der Landung und 5 Prozent auf das Rollen in den Kurven entfallen. Die fast horizontale Lage eines Flugzeuges mit Bugradfahrwerk verringert beim Start auch den Widerstand gegenüber Flugzeugen mit Heckrad.

Das Fahrwerk jedes neuen Flugzeugtyps stellt die Konstrukteure immer wieder vor neue Probleme. Man vergleiche nur die unterschiedlichen Lösungen, welche die Konstrukteure für die Fahrwerke der MiG-21, der MiG-23 oder der Su-22 gefunden haben.

Räder, Federbeine und die dazugehörenden Mechanismen werden nur beim Rollen, beim Start und bei der Landung benötigt. Während des gesamten Fluges sind sie unnötiger Ballast. Das war schon vor Jahrzehnten so. Deshalb gab es in der Geschichte der Luftfahrt immer wieder Versuche, das Fahrwerk einzusparen. Für den Start verwendete man abwerfbare Startwagen oder -räder, wie z. B. für das Schleppziel KT-04; die Landung erfolgte auf Kufen. Dieses auch bei Jagdflugzeugen mit Strahlantrieb vereinzelt angewandte Prinzip hat sich jedoch nicht bewährt.

Wie alle schnellen Maschinen müssen auch die Jagdflugzeuge einziehbare Fahrwerke haben. Verursachen doch die Räder mit Streben bis zu 15 Prozent des Gesamtwiderstandes. Da der Übergang zum Überschallflugzeug mit dem Einführen sehr dünner Tragflügel ver-

Gut zu erkennen ist der Platz für das im Rumpf der MiG-21 in senkrechter Lage unterzubringende Rad des rechten Fahrwerkbeines

bunden war, brachte das große Probleme für das Unterbringen der Fahrwerke mit sich. Während bei der MiG-15, der MiG-17 und der MiG-19 das Hauptfahrwerk noch ohne weiteres in den Tragflügeln untergebracht werden konnte, war das bei der MiG-21 schon nicht mehr möglich. Bei diesem Flugzeugtyp werden nur noch die Fahrwerkbeine in die Tragflügel, die Haupträder aber ebenso wie das Bugrad in den Rumpf eingefahren.

Ein anderes Schema mußten die Konstrukteure für die MiG-23 finden, bei der auch die Hauptfahrwerkbeine im Rumpf ihren Platz ge-

Ein wichtiges Prinzip des Gefechtseinsatzes der Hubschrauber ist das Nutzen des Überraschungsmomentes.

Neben den bewaffneten Hubschraubern unterschiedlicher Zweckbestimmung eröffneten auch die bereits vor den Armeefliegerkräften gebildeten und zunächst mit umgerüsteten MiG-17F versehenen Jagdbombenfliegerkräfte der NVA neue Möglichkeiten im Zusammenwirken mit den anderen Teilstreitkräften und zu deren Unterstützung.

Insgesamt gesehen stellte diese Entwicklung hohe Anforderungen an die Führungstätigkeit in den unterschiedlichen Ebenen sowie an die Qualifikation jedes Spezialisten.

Neue Bedingungen für die Gefechtsausbildung

Die Situation in den 70er Jahren, aus der sich zahlreiche Schlußfolgerungen für die technische Entwicklung sowie für die Gefechtsausbildung ergeben hatten, charakterisierte Generaloberst Wolfgang Reinhold so:

«Am Beginn des letztgenannten Entwicklungsabschnittes stellten sich die Truppen der Luftverteidigung auf eine veränderte Lage ein. Sie entstand durch die stärkere Betonung eines möglichen konventionellen und begrenzten Kernwaffenkrieges durch die NATO-Staaten in Europa. Damit einhergehend wandelten sich auch deren Ansichten zur Überwindung der Luftverteidigung. Die lokalen Kriege ausgangs der 60er Jahre hatten gezeigt, daß der Luftkampf unter Einsatz von Luft-Luft-Raketen und Bordkanonen bis dahin gültige Vorstellungen zu revidieren zwang. Die Führung von freien Luftkämpfen und Luftgefechten fand wieder mehr Beachtung. Mehr noch. Die Mikroelektronik und andere Errungenschaften von Wissenschaft und Technik schufen die Grundlagen für einen möglichen Allrichtungsluftkampf, der seinerseits völlig veränderte taktische Forderungen stellte.

Die Gefechtsausbildung der Luftstreitkräfte/Luftverteidigung wurde deshalb auf die neue Lage ausgerichtet. Das Lernen – in allen Jahren der Formierung und Entwicklung der Teilstreitkraft unerläßliche Voraussetzung militärischer Meisterschaft – war ein ständiger Wegbegleiter und Charakterzug der militärischen Tätigkeit.»[5]

5 W. Reinhold, Luftraum der DDR ist sicher geschützt. In: Militärwesen, Berlin, H. 1-2/86, S. 28 ff.

Der hohe Stand der Allgemeinbildung sowie die gewachsenen militärischen Fähigkeiten und Fertigkeiten der Armeeangehörigen, aber auch der Zivilbeschäftigten, werden von der Führung des Kommandos der Luftstreitkräfte/Luftverteidigung als wesentliche Quelle dafür angesehen, daß alle herangereiften Probleme schöpferisch unter dem Motto «Anpassen der Kampfweise an das Waffenmaterial» gelöst worden sind und noch werden.

Da wäre die Masseninitiative des ingenieurtechnischen Personals in der Q-Bewegung zu nennen. Seit vielen Jahren ist das blaue Q am Bug des Flugzeuges oder Hubschraubers – verliehen für vorbildlichen Wartungs- und Pflegezustand – das äußere Zeichen für Qualitätsarbeit. Nach jeder erneuten erfolgreichen Kontrolle kommt ein Stern im Q hinzu.

Darüber hinaus gibt es zahlreiche weitere Initiativen, um die Gefechtsausbildung zu un-

Ein Mi-24D der Armeefliegerkräfte am Boden

terstützen. Dazu gehören der Wettbewerb um die Station der ausgezeichneten Qualität bzw. der hohen Zuverlässigkeit ebenso wie das Bemühen um peinliche Sorgfalt beim Erfüllen aller Pflichten im Diensthabenden System als einer ständigen Aufgabe, «rechtzeitig einen möglichen Angriff gegen die Souveränität unserer Deutschen Demokratischen Republik zu erkennen und ihn organisiert und standhaft abzuwehren».[6]

Zu den Initiativen zählt auch die um den sparsamsten Kilometer beim Einsatz der zahlreichen Fahrzeuge, die zum Flugplatz gehören. Große Anstrengungen wurden und werden unternommen, um den Flugzeugkraftstoff so rationell wie möglich zu verwenden; z. B. durch eine optimale Planung, die zahlreiche Elemente koordiniert und sehr geringe Bodenlaufzeiten der Triebwerke sichert.

Ferner geht es darum, Energie in jeder Form zu sparen, Ersatzteile, finanzielle und sonstige materielle Mittel möglichst ökonomisch zu verwenden. Selbstverständlich ist der Kampf um eine ständig hohe Flugsicherheit.

Im Rahmen dieses Bandes ist es nicht möglich, auch nur einen Bruchteil der Neuerungen – von der Ausbildungshilfe in Form von Schnitten und Modellen bis zum Trainer oder Teilsimulator – zu nennen oder vorzustellen. Allein die zur Zentralen Neuererausstellung der

6 Ebenda, S. 30.

Während der Ausbildung an der Offiziershochschule für Militärflieger trainieren die künftigen Piloten auch alle Phasen und Elemente der Seenotrettung

NVA und der Grenztruppen der DDR vom 26. Mai bis zum 2. Juni 1988 im Truppenteil «Konrad Wolf» vorgestellten Neuerungen des Kommandos der Luftstreitkräfte/Luftverteidigung umfassen in dem Exponate-Katalog 32 Seiten.

Ein ständiger Kraftquell für die Entwicklung der Fliegerkräfte der NVA ist die feste Waffenbrüderschaft mit der Sowjetarmee, insbesondere mit den Luftstreitkräften sowie den Truppen der Luftverteidigung der GSSD. Zu den festen Waffenbrüderschaftsbeziehungen gehören Maßnahmen in Partnertruppenteilen ebenso wie die abgestimmten Aufgaben im DHS, die gemeinsame Gefechtsausbildung, Übungen und Manöver oder Erfahrungsaustausche, Beratungen und Konsultationen auf verschiedenen Ebenen.

Als eine wesentliche Hilfe hat sich immer wieder die Aus- und Weiterbildung von Kadern der NVA an sowjetischen Einrichtungen erwiesen. Als in den 70er Jahren neben neuen Fla-Raketen beispielsweise Jagdflugzeuge vom Typ MiG-23, außerdem modernere Versionen automatisierter Führungs- und Jägerleitsysteme sowie Funkmeßstationen übernommen wurden, mußte sich eine ganze Reihe von Führungskadern darauf vorbereiten.

«Die Umschulungskurse an militärischen Bildungseinrichtungen der Luftstreitkräfte und der Truppen der Luftabwehr der Sowjetarmee befähigten die Offiziere, diese wirkungsvolleren sowjetischen Waffensysteme schnell zu meistern sowie ihre Kampfkollektive so daran auszubilden, daß die Luftstreitkräfte/Luftverteidigung der NVA ihre Aufgaben im Diensthabenden System der Staaten des Warschauer Vertrages jederzeit zuverlässig erfüllen konnten.

Den Schwerpunkt der Hilfe bei der Ausbildung von Kadern der NVA bildete weiterhin das mehrjährige Studium an Akademien und Hochschulen der sowjetischen Streitkräfte, das auf der Grundlage langfristiger Pläne erfolgte.»[7]

Gefestigt hat sich ebenfalls die Waffenbrüderschaft mit den Fliegerkräften der anderen sozialistischen Staaten. Dazu haben sich spezielle Formen der Gefechtsausbildung herausgebildet, zu denen auch Staffelaustausche gehören. Dabei handeln einzelne Staffeln für eine begrenzte Zeit zur Gefechtsausbildung auf Flugplätzen der verbündeten Streitkräfte. Während solche Austausche mit polnischen oder tschechoslowakischen Staffeln schon seit vielen Jahren üblich sind, war es 1987 erstmals zu einem Austausch mit einer ungarischen Jagdbomberstaffel gekommen. Zunächst hatte eine NVA-Staffel im Herbst in Ungarn geweilt, anschließend hatte sich eine ungarische Staffel für zwei Wochen an der Gefechtsausbildung im Geschwader «Gebhard Leberecht von Blücher» beteiligt. Wie der ungarische Staffelkommandeur auf einer abschließenden Zusammenkunft betonte, sei bei den vielfältigen gemeinsamen Aktivitäten die Freundschaft und Zusammenarbeit beider Armeen weiter vertieft worden.

Gezeigt hat sich insgesamt, daß die verschiedenen Treffen sowie die Staffelaustausche bei allen Teilnehmern bleibende Eindrücke hinterlassen. Bringen sie doch den Armeeangehörigen die Leistungen und Anstrengungen der Waffenbrüder für die Sicherung des Friedens persönlich nahe.

Aus Platzgründen sowie im Interesse einer besseren Übersichtlichkeit müssen im Typenteil des vorliegenden Bandes zahlreiche technische Details unberücksichtigt bleiben. Deshalb wird auf den folgenden Seiten etwas ausführlicher auf einige Aspekte – so auf Besonderheiten des Fahrwerkes von Jagdflugzeugen, auf die Rolle des Nachbrenners, der Starthilfsrakete, des Bremsschirmes, der Flugzeugfanganlage und des flugplatzeigenen Fuhrparkes – ebenso eingegangen wie auf die Entwicklung und die Tätigkeit der Marinefliegerkräfte.

7 H. Tobler, Die Hilfe der Sowjetunion bei der Aus- und Weiterbildung von Kadern der NVA. In: Militärwesen, Berlin, H. 1/88, S. 27.

Kein Platz für die Räder in den Tragflügeln

Das Aussehen eines Flugzeuges wird nicht nur durch die Tragflügel, den Rumpf, das Leitwerk und das Triebwerk geprägt, sondern auch vom Fahrwerk. Solange sich ein Flugzeug auf der Erde bewegt, ist das Fahrwerk eine ganz entscheidende Baugruppe.

Im Gegensatz zu den meisten Jagdflugzeu[illegible] gen mit Kolbentriebwerk, die ein Heckradfa[illegible] werk besaßen, sind die strahlgetriebe[illegible] Jagdflugzeuge der NVA durchweg mit ei[illegible] Bugradfahrwerk versehen. Dank dieser [illegible] weise verfügt der Flugzeugführer bei[illegible] über eine gute Sicht, und das Flugze[illegible] sich beim Rollen leicht steuern. Ma[illegible] etwa 5 km Rollweg bei einem Start [illegible] Landung; davon sollen 27 Proze[illegible]

Konstruktiv völlig anders gelöst ist die Unterbringung des Hauptfahrwerkes in der MiG-23

funden haben. Dennoch konnte eine genügend große Spurweite gesichert werden.

Doch zurück zur MiG-21. Federbeine, Räder und Reifen aller Flugzeuge müssen die Landestöße und die aus den Unebenheiten der Landebahn resultierenden Stöße beim Rollen aufnehmen. Deshalb verlangen diese Fahrwerkbeine auch entsprechende Dimensionen. Hier eine optimale Lösung zu finden war für das Konstrukteur-Kollektiv bei dem neuen, sehr dünnen Tragflügel der MiG-21 sicher nicht ganz einfach. Wie die jahrzehntelange Praxis beweist, ist sie jedoch gefunden worden.

Das bewährte Jagdflugzeug MiG-21 aus der UdSSR, das bei den Luftstreitkräften der NVA und allen anderen Armeen des Warschauer Verteidigungsbündnisses sowie bei zahlreichen Fliegerkräften weiterer Staaten geflogen wird, verfügt nicht nur über eine große Manövrierfähigkeit, sondern auch über eine hohe Steig- und Horizontalgeschwindigkeit. Wiederholt ist von Fachleuten auch dessen Vermögen hervorgehoben worden, von unbefestigten Pisten aus zu starten und auf diesen zu landen. So staunten die Gäste nicht schlecht, als während des Flugtages anläßlich der Weltmeisterschaft 1968 im Motorkunstflug in Magdeburg Oberstleutnant Hermann Ammer von den Luftstreitkräften der NVA mit seiner MiG-21 von einem kleinen Rasenplatz startete.

Allgemein ist bekannt, daß die sowjetischen Jagdflugzeuge über Mitteldruckreifen verfügen, die sich durch geringen Bodendruck, hohe Geländegängigkeit und große Standfläche auszeichnen. Sie eignen sich damit auch für Einsätze von unvorbereiteten oder Rasenplätzen. In den kapitalistischen Ländern verwendet man dagegen vorwiegend Hochdruckreifen. Mit ihnen können die Räder zwar kleiner dimensioniert sein, die Flugzeuge benötigen jedoch unbedingt Betonbahnen.

Die Entscheidung für diesen oder jenen Reifentyp können die Konstrukteure nicht willkürlich treffen. Ausschlaggebend ist die Masse des Flugzeuges. Jedes Typenbuch sagt aus, daß die sowjetischen Jagdflugzeuge in der Regel leichter sind als beispielsweise die der USA. Das ist ein weiterer Grund dafür, weshalb sie mit Niederdruckreifen versehen werden können.

An die Flugzeugreifen werden sehr hohe Anforderungen gestellt. Beispielsweise entsteht eine große Belastung der Reifen, wenn ein Jagdflugzeug mit 250 km/h und mehr auf den Beton aufsetzt, denn die Räder befinden sich noch im Stillstand und werden beim Aufsetzen plötzlich in sehr schnelle Umdrehung versetzt.

Der dabei entstehende Abrieb der Reifen zeichnet sich auf dem Beton als schwarze Gummispur ab. Der Mechaniker hat deshalb nach jeder Landung die Reifen sorgfältig auf den Abrieb zu kontrollieren. Damit nicht genug. Sehr gewissenhaft müssen auch die Bremsen geprüft werden, da während des Bremsvorganges sehr hohe Temperaturen auftreten. Dieser Vorgang und das lange Rollen mindern natürlich die Qualität der Reifen, von denen gefordert wird, daß sie eine hohe Haltbarkeit aufweisen, gut am Boden haften, temperaturbeständig und gegen seitliches Ausbrechen widerstandsfähig sind.

Die polnische Fachzeitschrift «Skrzydlata Polska» schrieb zu diesem Problem vor längerer Zeit, daß die Räder zusammen mit den Reifen mindestens 1600 km Rollweg bei maximaler Belastung aushalten müssen. In dem Beitrag hieß es: «Nach Ableistung von 1600 km mit Belastung und Erhitzung auf 205 °C verlieren die Räder 33 Prozent ihrer statischen Festigkeit und 6 Prozent ihrer Gestaltfestigkeit. Die gleichen Räder verlieren 85 Prozent der statischen und 100 Prozent der Gestaltfestigkeit bei 315 °C, aber nur 18 Prozent bei Erhitzung auf 150 °C.»

Extreme Belastungen treten auf, wenn die Fahrwerkräder auf Wasser- oder Schmutzschichten gleiten. Hohe thermische Belastungen können zum übermäßigen Erhitzen der Reifen und zum Schmelzen des Gummis führen. Dabei können die Reifen und die Geber der automatischen Radentbremsung, die ein Blockieren verhindern, zerstört werden. Es ist sogar möglich, daß sich die Naben und Lager überhitzen.

Aus all dem ist zu erkennen, wie verantwortlich die Tätigkeit der Angehörigen des Fliegeringenieurdienstes auf diesem Gebiet ist. Nicht umsonst werden die Fahrwerke vor und nach jedem Flug sorgfältig kontrolliert.

Kürzere Strecken durch Starthilfsraketen

Mit der Übernahme immer modernerer Flugzeugtypen haben sich die Start- und Landestrecken aus verschiedenen Gründen ständig verlängert. Natürlich wurde versucht, dem entgegenzuwirken. Erwähnt seien vervollkommnete Klappensysteme, das Abblasen der Grenzschicht (angewendet ab MiG-21SPS), der Anbau von Starthilfsraketen, das Ausstatten der Triebwerke mit Vorrichtungen zum Nachverbrennen des Kraftstoffes und das Anbringen eines Bremsschirmes.

Zunächst zu den Starthilfsraketen, deren Wirkung in der Öffentlichkeit kaum zu sehen ist. Ausnahmen waren der Start einer MiG-21 mit Hilfsraketen am 9. Juni 1961 zur Luftparade bei Moskau sowie der bereits erwähnte Start von Oberstleutnant Ammer im August 1968 auf dem Rasenplatz in Magdeburg, dessen MiG-21 ebenfalls rechts und links am Rumpf je eine Starthilfsrakete trug.

Das Prinzip ist nicht neu. Bereits vor rund 55 Jahren wurden an sowjetischen Flugzeugen zu beiden Seiten zusätzlich Pulverraketen angebracht, die nach Brennschluß abgeworfen wurden. Ausgangspunkt für derartige Starthilfen waren Forschungsarbeiten im Gasdynamischen Laboratorium in Leningrad (ab 1928), die zugleich die Grundlage für die später berühmt gewordenen «Katjuscha»-Raketengeschosse bildeten. Spezialisten um den Ingenieur W. I. Dudakow entwickelten bis zum Jahre 1931 sicher arbeitende Starthilfsraketen. Als man sie im gleichen Jahr unter den Tragflügeln des Schuldoppeldeckers U-1 erprobte, ließ sich dessen Startstrecke auf diese Weise um 20 Prozent verkürzen.

Start einer MiG-21SPS mit Starthilfsraketen

Nach zahlreichen Erprobungsflügen konnten die Raketen verbessert werden. Damit wurde es im Jahre 1933 möglich, durch den Anbau der Raketen die Startmasse der zweimotorigen Bombenflugzeuge TB-1 um 33 Prozent zu vergrößern. So war es möglich, mehr Bomben zuzuladen, eine größere Kraftstoffmenge aufzunehmen und die Reichweite zu erhöhen.

Auch im zweiten Weltkrieg verwendete man in vielen Fällen und in mehreren Staaten derartige Starthilfen; vor allem dann, wenn es galt, überladene Flugzeuge oder Lastensegler von zu kurzen oder provisorischen Startplätzen abheben zu lassen.

Gegenwärtig werden Starthilfsraketen verwendet, um die Abflugmasse vergrößern, die Startstrecke verkürzen bzw. um von Rasenplätzen aufsteigen zu können oder um beispielsweise Abfangjagdflugzeuge schneller als normalerweise üblich große Höhen erreichen zu lassen. Vor allem unter dem Aspekt, daß Start- und Landebahnen zerstört werden, kommt den Starthilfsraketen Bedeutung zu.

Für diese Starthilfen eignen sich Feststoff- und Flüssigkeitsraketen. Als günstiger haben sich Feststoffraketen erwiesen, weil sie unkomplizierter aufgebaut und einfacher zu bedienen sind. Bei Flüssigkeitsraketen läßt sich hingegen der Schub regeln.

Gegenüber früheren Starthilfsraketen konnten bei den heutigen die Masse und die Rauchentwicklung vermindert werden. Meistens verwendet man zwei Starthilfsraketen (je eine rechts und links am Rumpf) mit einer Schubkraft von etwa je 30 kN, deren Schubdüse in einem bestimmten Winkel zur Raketenlängsachse steht.

Damit wird erreicht, daß die resultierende Schubkraft beider Raketen durch den Flugzeugschwerpunkt gerichtet ist. So wird ein Drehen um die Hoch- oder die Querachse des Flugzeuges vermieden, wenn eine Rakete nicht zünden sollte.

Das Benutzen von Starthilfsraketen birgt natürlich auch Probleme in sich. So verringert sich die Flugsicherheit durch den möglichen Ausfall der Starthilfsraketen vor Erreichen der normalen Abhebegeschwindigkeit. Zusätzliche Belastungen ergeben sich durch die notwendige Wartung und Lagerung derartiger Starthilfen. Beispielsweise müssen beide für einen Start verwendeten Raketen unter gleichen Bedingungen gelagert werden, damit der Treibstoff gleichmäßig verbrennt.

Anbau einer Starthilfsrakete an eine MiG-21

Dennoch sind folgende Vorteile zu sehen: Mit dem Einsatz von Starthilfsraketen verringert sich die Abhebegeschwindigkeit des Flugzeuges, seine mittlere Beschleunigung vergrößert sich jedoch. Beide Faktoren verkürzen die Startstrecke gegenüber normalen Bedingungen um etwa 60 Prozent.

Wichtig für die Länge der Startstrecke sind natürlich die Bedingungen des Platzes; so wird sie auf Beton kürzer sein als auf Rasen. Ausschlaggebend ist auch die Startmasse des Flugzeuges. Darüber hinaus kommt es darauf an, ob der Flugzeugführer bereits über Erfahrungen verfügt, um alle Vorteile von Starthilfsraketen nutzen zu können.

In den Jagdfliegerkräften der NVA war die Starthilfsrakete mit der Übernahme des Jagdflugzeuges MiG-21SPS aktuell geworden. Die Typen MiG-15, MiG-17 und MiG-19 aller Versionen sowie die der MiG-21-Reihe vor der Modifikation SPS waren standardmäßig nicht zur Aufnahme von Starthilfsraketen eingerichtet. Bei späteren Typen konnte man darauf verzichten.

Mit Nachbrenner-Triebwerken

Sicher hat das jeder schon einmal erlebt: In der Ferne rumort am Himmel ein Strahlflugzeug, doch plötzlich ändert sich das Geräusch – es geht in einen tiefen, orgelnden Ton über. Vielleicht waren aber auch bereits in der Nähe eines Flugplatzes Maschinen zu sehen, die mit donnerndem Getöse, eine lange Flamme hinter sich lassend, steil in die Höhe stiegen. In beiden Fällen handelte es sich sicher um Flugzeuge mit eingeschaltetem Nachbrenner. Diese zusätzliche Einrichtung dient dazu, die Startstrecke eines Flugzeuges zu verkürzen. Das Anwenden des Nachbrenners ermöglicht es, den Schub eines Triebwerkes über dessen maximalen Startschub hinaus zu erhöhen. Was ist darunter zu verstehen?

Obwohl mit dem Übergang vom Kolbenmotor zum reinen Strahltriebwerk die Leistungen der Flugzeuge bedeutend gesteigert worden

Arbeiten am Triebwerk einer MiG-21

sind, war es neben kürzeren Startstrecken auch notwendig, unter bestimmten Bedingungen die Einsatzhöhe besonders schnell zu erreichen, die Horizontalgeschwindigkeit in sehr kurzer Zeit bedeutend zu erhöhen (besonders für Abfangjagdflugzeuge) oder eine größere Gipfelhöhe zu gewährleisten. In allen diesen Fällen ist eine höhere Schubkraft des Triebwerkes notwendig. Das würde, falls keine anderen Möglichkeiten verfügbar sind, ein leistungsstärkeres und damit schwereres Triebwerk bedeuten. Da schwerere Triebwerke mit verringerter Nutzmasse und schlechteren Gefechtseigenschaften gleichzusetzen sind, waren den Konstrukteuren in dieser Hinsicht Grenzen gesetzt.

Zu beachten war ein weiterer Umstand: Da die maximalen Flugparameter oft nur kurzzeitig benötigt werden, müßte das Triebwerk beispielsweise eines Abfangjagdflugzeuges über längere Zeit stark gedrosselt arbeiten. Das führt aber zu verminderten Drehzahlen und zu erhöhtem Kraftstoffverbrauch. Ein stark gedrosseltes Triebwerk arbeitet unökonomisch.

Die Konstrukteure lösten das Problem, indem sie Strahltriebwerke entwickelten, die in kurzer Zeit höhere Flugparameter infolge Verstärkung des Schubs erreichen, sonst aber im Bereich der größten Wirtschaftlichkeit arbeiten.

Neben der Masse des durchströmenden Gases ist dessen Ausströmgeschwindigkeit für die Größe des Schubs maßgeblich. Diese ist eine Funktion der Gastemperatur und des Gasdruckes in den einzelnen Triebwerkabschnitten. Daraus ergibt sich: Um den Schub zu erhöhen, muß man die Gastemperatur, den Druck und die Masse des Verbrennungsgases beeinflussen.

Dazu ermittelten die Wissenschaftler und Konstrukteure folgende Lösungsmöglichkeiten:

1. Nachdem sich das Verbrennungsgas bereits zu einem Teil entspannt hat, wird hinter der Turbine zusätzlich Kraftstoff eingespritzt und auf diese Weise die Gastemperatur erhöht.
2. Das Wärmegefälle wird vergrößert, indem man die Gastemperatur vor der Turbine erhöht.
3. Um die Arbeit des Verdichters zu verringern, wird in ihn leichtverdampfende Flüssigkeit eingespritzt. Damit wird das freie Wärmegefälle in der Schubdüse größer, weil die Turbine dem Verbrennungsgas weniger Energie zum Antrieb des Verdichters entzieht.
4. In die Brennkammer wird Wasser eingespritzt; dadurch vergrößert sich der Massedurchsatz der Turbine. Obwohl die Turbinenleistung gleichbleibt, wird dem Verbrennungsgas weniger Energie entzogen, und das Wärmegefälle zur Beschleunigung des Gasstromes wird ebenfalls größer.

International hat sich das Prinzip der Nachverbrennung durchgesetzt. Bei ihm wird hinter der Turbine in der nach diesem Verfahren benannten Nachbrennerkammer zusätzlich Kraftstoff in den Gasstrom eingespritzt.

Natürlich haben sich im Verlauf der Entwicklung zahlreiche Veränderungen und Verbesserungen ergeben. In der UdSSR unternahmen mehrere Triebwerkspezialisten unter Leitung des bekannten Flugzeugkonstrukteurs S. A. Lawotschkin (1900 bis 1960) im Jahr 1946 erste Versuche mit dem Strahltriebwerk RD-10. Dabei stellten sie bald fest: Die besten Ergebnisse einer Schuberhöhung werden erreicht, wenn man dem Gasstrom – immerhin enthält er nach dem Verlassen der Turbine noch 75 Prozent Sauerstoff, die für eine zusätzliche Verbrennung völlig ausreichen – aus ringförmig angeordneten Düsen Kraftstoff zuführt und der Schubdüse einen verstellbaren Austrittsquerschnitt gibt. Dadurch läßt sich die Gastemperatur am Turbineneintritt konstant halten. Ist das nicht gewährleistet, kommt es zu Störungen im Triebwerk. Das als RD-10F (F – forsage, Nachverbrennung) bezeichnete Triebwerk war gegenüber dem RD-10 nur um 100 mm verlängert und um 5 kg schwerer geworden. Dafür hatte sich die Schubkraft am Boden um 30 Prozent vergrößert. Allerdings erkaufte man diesen Gewinn mit einem fast doppelten Kraftstoffverbrauch. Dem steht jedoch entgegen, daß man ja nicht ununterbrochen mit eingeschaltetem Nachbrenner fliegen wollte, die höhere Leistung aber bei relativ leichtem Antrieb jederzeit zur Verfügung stand, wenn es darauf ankam – zum Beispiel zum Abfangen eines Luftzieles.

Mit dem Bau des Nachbrennertriebwerkes RD-10F war folgende Wirkungsweise erkannt und für die weitere Entwicklung beachtet worden: Die Gastemperatur vor der Schubdüse steigt durch die Kraftstoffverbrennung im Nachbrenner stark an, wobei der Druck etwa gleich bleibt. Damit an der Turbine das konstante Druckgefälle erhalten bleibt, muß die Schubdüse bei Erhöhung der Gastemperatur geöffnet – also vergrößert – werden. Geschieht das nicht, wird die Arbeit des Triebwerkes gestört, somit fallen die Drehzahl und die Leistung ab.

Daraus ergab sich: Sollen der Luftdurchsatz, die Drehzahl, aber auch die Gastemperatur vor der Turbine gleichbleiben, muß sich die Schubdüse beim Einschalten des Nachbrenners öffnen, damit der höhere Volumendurchsatz störungsfrei passieren kann. Mit dem Einbau des Nachbrenners mußte also auch eine verstellbare Schubdüse installiert werden. Dafür wird gewöhnlich ein auf hydraulischem Wege verstellbarer Ring verwendet, der aus mehreren Segmenten zusammengesetzt ist. Deutlich sind diese Segmente beispielsweise am Heck der MiG-17F, der MiG-17PF oder der MiG-21 zu erkennen. Das Öffnen oder Schließen der Segmente erfolgt automatisch, damit der Flugzeugführer damit nicht belastet wird.

Doch noch einmal zurück zum RD-10F. Im Oktober 1946 durchlief es die Erprobung auf dem Prüfstand, und im Februar 1947 startete eine mit diesem Triebwerk ausgestattete La-156 zu den ersten Flügen in der UdSSR mit Nachbrennerregime. Oberst I. Fjodorow erreichte so eine Geschwindigkeit von 926 km/h. In die La-160 eingebaut, erreichte man mit diesem Triebwerk 1050 km/h. Doch offensichtlich war diese Nachbrennerausführung nicht genügend ausgereift, denn zunächst fand dieses Prinzip noch keine Anwendung im täglichen Truppendienst. Weder die MiG-15 noch deren Weiterentwicklungen MiG-15bis und MiG-17 waren mit einem Nachbrennertriebwerk versehen.

Die dem Verändern des Austrittsquerschnittes dienenden Nachbrennersegmente eines MiG-21-Triebwerkes

Erst die Versionen MiG-17F als Tagjagdflugzeug und die MiG-17PF als Allwetterabfangjäger hatten serienmäßig einen solchen Antrieb. Zu beachten war damals allerdings noch, daß man das Triebwerk nur für eine kurze Zeit mit der Leistungsstufe Nachbrenner fliegen konnte, sonst kam es zu Überhitzungen. Das war auch noch bei der MiG-19 als erstem sowjetischen serienmäßigen Überschallflugzeug der Fall.

Jedoch blieb die Entwicklung dabei nicht stehen. Den Zwei- und Dreistellungsschubdü-

Der Bremsschirm wird im Behälter verstaut

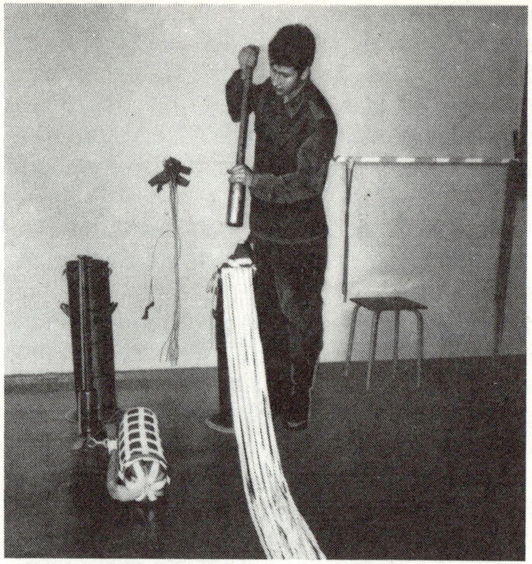

Packen des Bremsschirmes

sen der MiG-17 und MiG-19 folgte die Schubdüse der MiG-21 mit kontinuierlich verstellbarem Durchmesser. Außerdem sind die Triebwerke seit der MiG-21 so konstruiert, daß wesentlich länger mit eingeschaltetem Nachbrenner geflogen werden kann. Heute gibt es kein modernes Jagd-, Jagdbomben- oder Bombenflugzeug ohne Nachbrenner, da sonst keine doppelte Schallgeschwindigkeit erreicht oder in der Stratosphäre geflogen werden kann. Eine Ausnahme bilden nur für Unterschallgeschwindigkeiten vorgesehene Maschinen wie das Schlachtflugzeug Su-25.

Zusätzliche Regelsysteme in den heutigen Flugzeugen (z. B. die Anlage zur Korrektur des Schubdüsendurchmessers) gestatten, den Schub, die Wirtschaftlichkeit sowie die Betriebssicherheit von Strahltriebwerken zu erhöhen. Gebräuchlich ist auch der Einbau einer zweiten Nachbrennerstufe, wie es bei der MiG-21 ab MiG-21MF der Fall ist. Es schaltet sich automatisch ein, wenn die Schubdüse voll geöffnet ist, z. B. sobald die Geschwindigkeit von Mach 1,5 überschritten wird. Das Prinzip einer solchen zweiten NB-Stufe besteht darin, daß nochmals mehr Kraftstoff in die Nachbrennerkammer eingespritzt und in Verbindung mit einer Drehzahlerhöhung der Luftdurchsatz vergrößert wird.

Dafür, daß der komplizierte Mechanismus Triebwerk – Nachbrennerregelsystem jederzeit sicher funktioniert, tragen die Angehörigen des Fliegeringenieurdienstes ebenso die Verantwortung wie für die sicher funktionierenden Starthilfsraketen.

Der Nachbrenner wird am Boden bzw. in der Luft gezündet, indem der Flugzeugführer den Drosselhebel mit der linken Hand nach vorn bewegt und eine Sperre überwindet. Das Ausschalten geschieht durch Betätigen des Drosselhebels zurück. Am Beispiel der MiG-17F sowie der MiG-19S seien einige Flugparameter mit und ohne Nachverbrennung genannt.

Zunächst zur MiG-17F: Die Anrollstrecke verkürzt sich mit dem Nachbrenner von 590 m auf 350 m; die Zeit für die gleichförmige Vollkurve in 10 000 m Höhe von 64,4 s auf 54,4 s. Mit Hilfe des Nachbrenners vergrößerten sich auch die Höhen, in denen mit der MiG-17F noch Kunstflugfiguren möglich waren. Eine Höhe von 5000 m war ohne Nachbrenner erst in 4 Minuten zu erreichen, mit eingeschaltetem Nachbrenner aber bereits in 2,5 Minuten. Der Schub änderte sich mit Nachverbrennung von 26 kN auf 33 kN.

Zur MiG-19S: Anrollstrecke ohne Nachbrenner 900 m, mit eingeschalteten Nachbrennern (die MiG-19S hatte zwei Triebwerke RD-9B mit je 26 kN Standschub ohne und je 32,5 kN mit Nachverbrennung) 515 m; Startstrecke bis zu einer Höhe von 25 m 1880 m ohne Nachverbrennung und 1525 m mit Nachverbrennung. Bis in eine Höhe von 6000 m konnten die Nachbrenner bis zu 6 Minuten eingeschaltet bleiben, ab 6000 m für 10 Minuten.

Eine MiG-23 mit ausgefahrenem Bremsschirm

Der Schirm als Bremse

Als der sowjetische Pilot M. Wodopjanow am 27. Mai 1937 mit einem Flugzeug am Nordpol landete, verwendete er zum Verkürzen der Landestrecke erstmals einen Bremsschirm. Diese Idee wurde später in mehreren Ländern aufgegriffen, weiterentwickelt und vervollkommnet. Inzwischen ist der in einem Container im Flugzeugheck untergebrachte Bremsschirm schon lange eine Selbstverständlichkeit. Je nach Größe des Typs sowie der Landegeschwindigkeit des Flugzeuges können natürlich auch mehrere Schirme eingebaut sein.

Aus Filmen oder aus eigenem Erleben ist sicher allgemein bekannt, wie die Landephase eines Überschalljagdflugzeuges verläuft, das immerhin mit einer Landegeschwindigkeit um 300 km/h auf die Betonbahn aufsetzt. Die Räder des Hauptfahrwerkes radieren über die Piste, ein quietschendes Geräusch entsteht, der verbrannte Gummi erzeugt in der Luft eine Rauchspur und auf dem hellen Beton meterlange schwarze Streifen.

Weil die Start- und Landebahnen nicht beliebig verlängert werden können, standen die Konstrukteure vor dem Problem, die aus Masse und Landegeschwindigkeit der Maschinen resultierende hohe Bewegungsenergie auf einer möglichst kurzen Strecke der Bahn und auf ökonomische Weise zu tilgen. Zu den Möglichkeiten, die Aufsetzgeschwindigkeit zu verringern, zählt das Anbringen aerodynamischer Hilfsmittel (Klappen) und die veränderliche Pfeilung der Tragflügel. Möglich ist es auch, durch Zusatzbauelemente am Schubsystem des Triebwerkes dessen Schub bei der Landung gegen die Flugrichtung zu lenken und damit die Ausrollstrecke bedeutend zu verkürzen. Die Flugzeuge sollen jedoch mehr als die doppelte Schallgeschwindigkeit erreichen; deshalb zählt jedes Kilogramm der zusätzlichen Bauelemente. Außerdem benötigen sie Platz, mit dem äußerst sparsam umgegangen werden muß.

Im Kapitel über das Fahrwerk war zu erfahren, welch hohen Belastungen die Radbremsen ausgesetzt sind. Aus konstruktiven und damit im Zusammenhang stehenden Materialfestigkeits-, Erwärmungs- und anderen Gründen können die Radbremsen nur eine begrenzte Landeenergie aufnehmen. Es mußte also eine andere Methode gefunden werden. Weshalb sollte man nicht die bereits in den 30er Jahren gesammelten Erfahrungen mit dem Bremsschirm anwenden? Der Bremsschirm zählt zu den einfachsten und billigsten Hilfsmitteln zum Verkürzen der Landestrecke. Er ist wiederverwendbar, läßt sich schnell wieder packen, ist nicht allzu teuer, relativ leicht und einfach im Flugzeug unterzubringen. Außerdem hat er eine recht hohe Wirksamkeit, denn der beim Landen ausgefahrene Schirm erzeugt einen beträchtlichen aerodynamischen Widerstand, wodurch sich je nach Schirmgröße und Flugzeugtyp die Ausrollstrecke um 20 bis 40 Prozent verkürzt.

Im sowjetischen Flugzeugbau gehört der Bremsschirm seit der MiG-19 zur Standardausrüstung aller schnellen Flugzeuge. Bei der MiG-19S betrug die Ausrollstrecke ohne Bremsschirm 890 m und mit Schirm nur noch 600 m. Interessant ist, daß gegenwärtig auch zahlreiche zivile Flugzeugtypen mit Bremsschirmen versehen werden.

Die Wirkungsweise ist recht einfach: Der Flugzeugführer betätigt einen Knopf, worauf sich die Verschlußklappen des Bremsschirmbehälters öffnen. Dieser Container befindet sich heute in der Regel über der Gasaustrittsöffnung des Triebwerkes. Ein durch eine Feder gespannter Hilfsschirm wird frei und tritt in den Luftstrom aus. Innerhalb von 0,5 Sekunden entfaltet sich die Kappe des Bremsschirmes. Weil sich die Bremskraft plötzlich auf das Flugzeug überträgt, müssen alle Teile des Schirmes eine hohe Belastung aushalten. In der Fachliteratur wird zum Beispiel erwähnt, daß sich das 8 m lange Schleppseil bei der MiG-21 kurzfristig auf eine Länge von 10 m ausdehnt. Ein Kreuzschirm KB, wie er in Überschallflugzeuge eingebaut wird, erzeugt bei einer Landegeschwindigkeit von 300 km/h eine Kraft von 58,84 kN. Natürlich sinkt sie mit abnehmender Rollgeschwindigkeit. Am Ende ist der Schirm wirkungslos, sogar hinderlich für das Rollen. Deshalb wird er ausgeklinkt und somit abgeworfen.

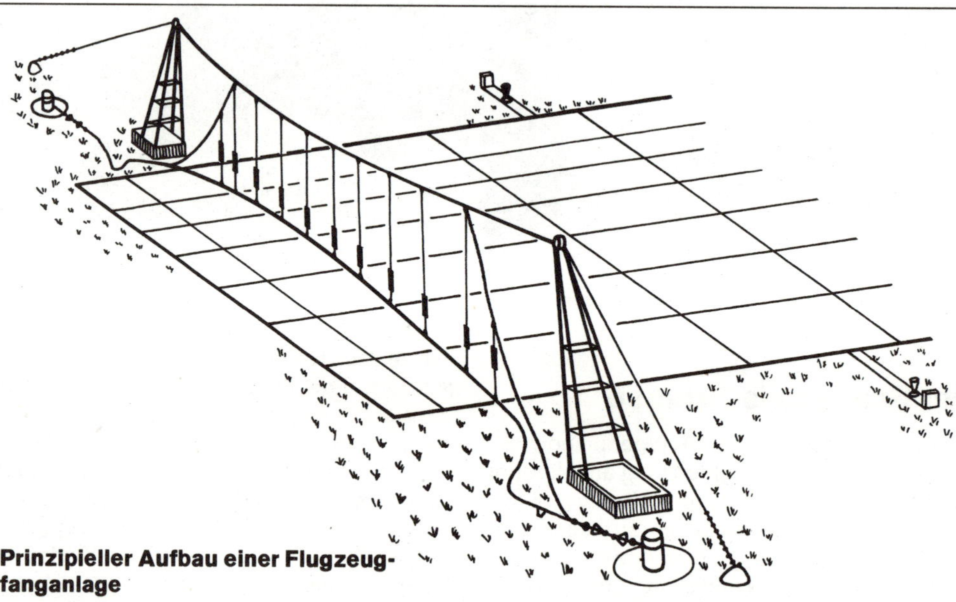

Prinzipieller Aufbau einer Flugzeugfanganlage

Bei den ersten MiG-21-Versionen der NVA – MiG-21F-13, MiG-21PFM sowie MiG-21U – befand sich der Bremsschirm noch unten links im Heck in einem Behälter. Dieser Schirm konnte erst gefahren werden, wenn sich die Maschine auf der Bahn befand, weil das Freiwerden des Schirmes bewirkte, daß sich der gehobene Bug nach vorn senkte. Nun ist jedoch das aerodynamische Bremsen bei hohen Geschwindigkeiten besonders dann wirksam, wenn im ersten Drittel der Ausrollstrecke der Bug gehoben bleibt. Diesem Umstand trugen die Konstrukteure Rechnung, indem sie den Bremsschirm ab MiG-21SPS in den erwähnten Container unter dem Seitenleitwerk verlegten. Beim Öffnen des Bremsschirmes wirken Kräfte und Momente nun so, daß es zu keiner Anstellwinkelveränderung kommt. Bei den neueren MiG-21-Versionen konnte man jetzt den Bremsschirm fahren, noch bevor die Räder die Landebahn berührt hatten. Auf diese Weise hat man die Effektivität des Bremsschirmes noch vergrößert.

Den vom ausrollenden Flugzeug abgeworfenen Schirm sammeln Angehörige des Fallschirm- und Rettungsdienstes sofort ein. Sie kontrollieren, ob die Fangleinen, Kappen oder Anschlußstränge Verschleißerscheinungen aufweisen. Weil sie wissen, was vom ständigen Funktionieren der Bremsschirme abhängt und daß durch deren zuverlässiges Fahren die Bremsen der Fahrwerke geschont werden, verstärken sie schon bei sich andeutenden Rissen das Material durch Aufsetzen von Flicken. Im Jagdfliegergeschwader «Hermann Matern» konnte zum Beispiel während des Ausbildungsjahres 1986/87 dank der vorbildlichen Arbeit der Angehörigen des Fallschirm- und Rettungsdienstes die durchschnittliche Einsatzzeit der Bremsschirme um ein Drittel erhöht und damit ein zusätzlicher Nutzen in Höhe von 23 125,– Mark geschaffen werden.

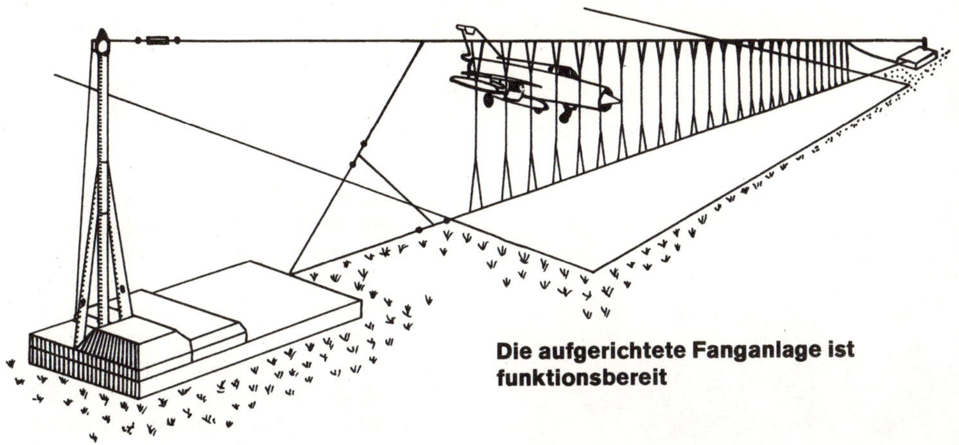

Die aufgerichtete Fanganlage ist funktionsbereit

Da das Verpacken der Bremsschirme sehr viel Kraft und Ausdauer erfordert (die als Packwerkzeug notwendige Metallkeule wiegt 14 kg), entwickelten Neuerer vor Jahren einen mit Druckluft betriebenen Packautomaten.

Von den Fallschirmen unterscheiden sich die Bremsschirme sowohl im Aufbau als auch im Material. Bremsschirme müssen weitaus größere Entfaltungsstöße aufnehmen. Sie haben den heißen Abgasen des Triebwerkes ebenso standzuhalten wie dem Schleifen über den Boden. Die Flugzeugführer verlangen zudem von ihnen, daß sie eine gute Stabilität besitzen, damit die landende Maschine nicht vom Schirm aus der Richtung gebracht wird. Diese Forderungen erfüllen runde oder kreuzförmige Kappen aus kreuzweise verflochtenen hitzebeständigen und sehr haltbaren Materialien. Bewährt haben sich auch sogenannte Rotationsschirme, bei denen sich die besonders konstruierte Kappe dreht. Dadurch wird mit kleinerer Kappenfläche der gleiche Bremserfolg erzielt. Die Fertigung von Rotationsschirmen ist jedoch sehr aufwendig. Auf Grund des hohen Verschleißes, dem Bremsschirme unterliegen, werden solche Schirme wenig eingesetzt.

Für den Einbau des Bremsschirmes in den Container im Flugzeug sind die Spezialisten des Fliegeringenieurdienstes verantwortlich. Von der Tätigkeit beider Fachdienste hängt es also ab, daß bei der Landung keine kritischen Situationen entstehen und der Flugzeugführer nicht die Flugzeugfanganlage als letzte Bremse auslösen muß. Das geht dann allerdings nicht ganz ohne Beschädigungen an der Zelle der «gefangenen» Maschine ab.

Eine MiG-21 ist mit der TFF/64-66 sicher gefangen und abgebremst worden

«MiG-Fänger» und Flugzeugfanganlage

In der Beschreibung des Flugzeuges MiG-21SPS («Flugzeuge und Hubschrauber der NVA von 1956 bis 1970») wurde erläutert, wie das System SPS wirkt: Kurz nach dem Überflug des vier Kilometer vor dem Bahnanfang stehenden Fernfunkfeuers schaltet sich dieses System automatisch bei einer Geschwindigkeit von 360 km/h ein. Dem Triebwerk wird nun ein Teil des Luftstromes entzogen und auf die ausgefahrenen Landeklappen geblasen. Damit werden die Grenzschicht und die aerodynamischen Eigenschaften der Maschine im Landeanflug beeinflußt. Im Ergebnis dessen verringert sich die Landegeschwindigkeit um etwa 40 km/h, und die Landestrecke wird kürzer. Das System SPS ist in allen MiG-21-Ausführungen ab MiG-21SPS sowie auch in den Schulflugzeugen MiG-21US und MiG-21UM eingebaut.

Im vorigen Kapitel wurde geschildert, daß sich die Landestrecke auch durch das Fahren des Bremsschirmes kurz vor oder nach dem Aufsetzen des Flugzeuges bedeutend verringern läßt, daß Bremsschirme außerdem ideale Reifenschoner sind.

Was aber, wenn auf Grund verschiedener Umstände – Ausfall des SPS-Systems, Abreißen des Bremsschirmes, Ausfall der Radbremsen – die normale Länge der Start- und Landebahn nicht ausreicht? Alle diese Umstände werden zwar kaum zum gleichen Zeitpunkt auftreten, aber theoretisch muß man trotzdem damit rechnen und eine hohe Flugsicherheit für alle Lagen gewährleisten. Auch beim Start können Situationen auftreten, die aus den verschiedensten Gründen einen Startabbruch verlangen.

Vor allem in den ersten Jahren des Aufbaus der Fliegerkräfte der NVA dienten sogenannte MiG-Fänger in solchen Fällen dazu, Katastrophen zu verhindern. Unter dem Begriff «MiG-Fänger» ist ein umgepflügter und geglätteter Erdstreifen am Ende der Start- und Landebahn zu verstehen. Er wurde angelegt, um im Notfall das Flugzeug daran zu hindern, weit über das Ende der Betonbahn hinauszurollen und dabei stark beschädigt zu werden. Das weiche Erdreich sollte bewirken, daß das Fahrwerk allmählich einsinkt und das Flugzeug ohne sehr große Beschädigungen steckenbleibt. Wer einmal erlebt hat, wie sicher ein derartiger «MiG-Fänger» eine Maschine aufnahm, die aus irgendeinem Grund über das Bahnende hinaus gelangt war, der wird den geistigen Vätern dieser sehr einfachen, kaum Kosten verursachenden Einrichtung sicher im stillen gedankt haben.

Solcherart «MiG-Fänger» gibt es zur höheren Sicherheit auch heute noch, doch sind vor rund 20 Jahren auf den Flugplätzen unserer Luftstreitkräfte wirkliche Flugzeugfanganlagen an ihre Seite getreten.

Die erste Anlage dieser Art nannte sich «Transportable Flugzeugfanganlage Roll-Stop TFF/64-66». Sie ist im Auftrag der NVA vom VEB Flugzeugwerft Dresden entwickelt und gefertigt worden. Mit ihr sollte eine zuverlässige Notanlage geschaffen werden, die sich zum Abbremsen aller in der Ausrüstung der NVA befindlichen Jagdflugzeuge eignet, wenn diese mit hoher Geschwindigkeit das Ende der Start- und Landebahn überrollen.[8] Außerdem sollten gewährleistet sein:

- Verlegbarkeit der Anlage,
- Einsetzbarkeit für alle Flugplätze mit einer Breite der Start- und Landebahn bis 80 m,
- ständige Einsatzbereitschaft der Fanganlage,
- sichere Funktion unter allen Witterungsbedingungen bei Tage und in der Nacht,
- geringer Wartungsaufwand und einfache Bedienung.

Die TFF/64 sowie deren Modifikation 66 zählten zu jener Gruppe von Notanlagen, die nur dann benutzt werden, wenn eine Gefahr für die Flugzeugbesatzung beim Start oder bei der Landung besteht (im Gegensatz zu Fanganlagen für extrem kurze Flugplätze, die als ständige Landehilfen dienen). Zu verstehen sind darunter beispielsweise Startabbruch, vereiste Start- und Landebahn, beschädigte Bremsanlage, verspätetes Aufsetzen des Flugzeuges.

Derartige Fanganlagen können das Flugzeug am Bugrad bzw. am Hauptfahrwerk abbremsen, während andere durch ein das Flugzeug umschließendes sogenanntes Fangnetz wirksam werden. Das letztere Prinzip hat sich international durchgesetzt. Es weist folgende Vorteile auf: Fanganlagen dieser Art sind in allen Geschwindigkeitsbereichen gleich zuverlässig. Sie fixieren das Flugzeug beim Fangvorgang in seiner Lage und verhindern damit sein Ausbrechen. In bestimmten Grenzen – gegeben durch die Geometrie der Flugzeuge – sind solche Anlagen typenunabhängig.

Ohne auf alle Einzelheiten einzugehen, hier

Das Netz der ATU-1/G ist aufgerichtet

8 Alle Angaben und Abbildungen zur TFF/64-66 nach: E. Friedrich, Die transportable Flugzeug-Fanganlage «ROLL-STOP TFF 64-66». In: Luftverteidigung, Berlin, H. 4/68, S. 63 ff.

einige technische Details der Anlage TFF/64-66, die sich in den Luftstreitkräften der NVA sehr bewährt hat, in Bruderländer exportiert und weiterentwickelt worden ist:

Die Fangvorrichtung bestand aus zwei Grundrahmen mit Aufbauten, Verankerungen und Kästen, zwei Masten, einem Fangnetz und diversen Kabeln. Für das Aufstellen waren keine Fundamente notwendig. Die auf zwei Lastkraftwagen und einem Hänger zu transportierenden Baugruppen hatten einschließlich je 3000 m Stromversorgungs- und Fernbedienungskabel eine Gesamtmasse von 12 t. Zum Aufbau war ein Kran erforderlich.

Weil die Aggregate zentral auf dem Grundrahmen aufgebaut waren, verlangte die Montage nur kurze Zeit. Am Montageort waren zwei Gruben (jeweils in den Abmessungen 2,5 m × 1,5 m × 1,05 m) sowie etwa 30 cm tiefe und einen Spatenstich breite Gräben in einer Länge von 8 m für die Kästen und Erdanker auszuheben. Vorzunehmen waren bei der Montage lediglich Schraub- und Steckverbindungen. Die Bedienanlage beim Flugleiter signalisierte die Einsatzbereitschaft der Anlage sowie die Stellung der Masten mit dem Netz (abgesenkt oder aufgerichtet). Der Flugleiter richtete das Netz über einen Knopfdruck auf, wenn er auf Grund der Bodenverhältnisse oder der Situation beim Landen einer Maschine mit dem Überrollen des Bahnendes rechnete bzw. wenn ein Start abgebrochen werden mußte. Gefahren wurde das Netz außerdem auf Anforderung des Flugzeugführers über Funk sowie immer bei Roll- und Bremsversuchen auf der Start- und Landebahn.

Der für die Wartung ausgebildete Mechaniker konnte die Anlage von jedem Mast aus betätigen. Da die Hersteller überwiegend standardisierte Flugzeugaggregate verwendet hatten, waren auf jedem Flugplatz Ersatzteile vorhanden.

Einige technische Daten der TFF/64-66:

Nutzbare Bremsstrecke 180 m und einsetzbar auf allen Start- und Landebahnen bis zu einer Breite von 80 m; nutzbare Netzbreite 60 m und mittlere Netzhöhe in der Netzmitte 3,25 m; hydraulische Scheibenbremsen mit einstellbarem Bremsdruck (Vor- und Hauptdruck); elektrische Fernbedienung bis 3000 m; elektrischer Anschluß 220-V-Wechsel- und 27-V-Gleichspannung mit automatischer Umschaltung; Stromverbrauch beim Einschalten etwa 0,5 kVA; Energieversorgung für Mast- und Bremsbetätigung mit Druckluft aus Druckluftflaschen (Kapazität einer Auffüllung: 20 Fahrvorgänge, Auffüllen über Außenbordanschluß wie Flugzeuge); Aufrichtvorgang des Fangnetzes in maximal 5 s.

Wie ging ein Fangvorgang vor sich?

Der Flugleiter betätigte den Knopf, und das Netz richtete sich auf. Das zu fangende Flugzeug rollte in das aufgerichtete Netz, wobei die Räder das Unterseil überquerten. Das obere Netzseil hing über dem Rumpf, bis sich die Dederongurte um die Tragflügel gelegt hatten. Die Führung und Anordnung der Gurte gewährleistete eine gleichmäßige Belastung.

Hatte sich das Netz infolge der Bewegung der gefangenen Maschine gespannt, dann scherten die Stifte in den Scherkupplungen ab, da sie als Sollbruchstellen vorgesehen waren. Danach löste sich das Netz von den Masten und vom Grundrahmen. Über das mit dem oberen und dem unteren Netzseil verbundene Bremsseil wurden die Bremstrommeln beschleunigt. Mit Hilfe der Bremsdruckregelung wuchs die Bremskraft nun kontinuierlich an. Ihren Höchstwert erreichte sie nach etwa einer Sekunde. Bei Verzögerung fiel der Bremsdruck wieder bis zum eingestellten Vordruck ab.

Unabhängig von der Masse und von der Auftreffgeschwindigkeit der zu fangenden Maschine wurde durch diese Regelung stets der optimale Bremsdruck ausgenutzt. Rollte das Flugzeug nicht senkrecht in die Mitte des Fangnetzes, sondern seitlich hinein, so beschleunigten die Bremstrommeln unterschiedlich – verursacht durch die unterschiedlichen Seilkräfte, die sich aus den Seilwinkeln ergaben. Die Regelung bewirkte, daß das Flugzeug zur Bahnmitte zentriert wurde.

Fachleute haben eingeschätzt, daß diese Fanganlage alle an sie gestellten Forderungen erfüllt hat.

Ein Nachfolger des Gerätes TFF/64-66 war die «Transportable Flugzeugfanganlage Baujahr 1972» (TFF-72). Im Prinzip war die TFF-72 wie die TFF/64-66 aufgebaut, und sie funktionierte auch wie diese. Das unzerreißbare Netz aus Stahl und Dederon mit einer Spannweite von 90 m und einer mittleren Netzhöhe von 3,40 m sowie 4,66 m hohen Masten vermochte jedoch, größere und schwerere Maschinen als der Vorgänger zu fangen.

Über den realen Fangvorgang einer MiG-21 berichtete die Wochenzeitung VOLKSARMEE in ihrer Ausgabe 17/76: «Die Bahn war leicht vereist. Der Bremsschirm fuhr nicht aus. Scharfes Bremsen wäre mit unvoraussehba-

Der Arbeitsplatz des Instrukteurs am TL-39

ren Risiken verbunden gewesen. Der Flugzeugführer tat das einzig Richtige: Er forderte über Funk beim Flugleiter das Aufrichten der Fanganlage an und ließ das Flugzeug hineinrollen. Die Fanggurte legten sich um Rumpf und Tragflügel. Der Bremsmechanismus wurde ausgelöst, und nach rund 80 m stand das Flugzeug wohlbehalten. Flinke Mechanikerhände befreiten es aus dem unzerreißbaren Netz, brachten die TFF wieder in die Ausgangslage. Denn Vorschrift ist: Zum Flugdienst gehört die funktionstüchtige Fanganlage.»

Gegenüber dem Vorgänger war die TFF-72 leichter geworden – ihre Masse betrug nur noch 10 t gegenüber 12 t bei der TFF/64-66. Mit der weiterentwickelten Anlage konnten alle damaligen Jagd- und Schulflugzeuge, deren Geschwindigkeit beim Einrollen in das Netz maximal 200 km/h betrug, sicher gefangen werden. Das Bremsseil der Anlage war 180 m lang. Wie die Praxis zeigte, wurden die Flugzeuge nach einer Bremsstrecke von 100 bis 150 m zum Stehen gebracht. Zum Fangnetz gehörten daumenstarke, mit einem Plastmantel umhüllte Stahltrossen als oberes und unteres Netzseil. Dazwischen spannten sich Dederongurte. Wie die VOLKSARMEE in jener Ausgabe weiter berichtete, besagte eine Analyse, daß es bis zu jenem Zeitpunkt bei realen Fangvorgängen keine verletzten Flugzeugführer gegeben hätte, daß die Schäden an der Außenhaut der Flugzeuge gering waren und jeweils kurzfristig mit eigenen Kräften behoben werden konnten.

Auch heute noch bringen die unzerreißbaren Netze aus Stahl und Dederon in bestimmten Gefahrensituationen Sicherheit für Mensch und Technik. Nur sind inzwischen größere und schwerere Flugzeuge hinzugekommen – beispielsweise die der Reihen MiG-23 oder Su-22. Das bedingte, daß die Ausrüstung der Flugplätze nicht nur hinsichtlich Wartung, Versorgung oder Sicherstellung mit den notwendigen Bodennavigationsgeräten verändert werden mußte. Auch der moderne «MiG-Fänger» mußte diesen Bedingungen angepaßt werden. So sind heute die Flugplätze der NVA auf beiden Bahnenden mit der wiederum in der DDR entwickelten Flugzeugfanganlage ATUG-1 ausgestattet, in deren Konstruktion alle Erfahrungen mit den früheren Anlagen eingeflossen sind. Die größere, für Flugzeuge

Originalgetreue Kabine für den Flugschüler im Simulator TL-39

mit einer Masse bis zu 40 t ausgelegte Anlage ist mit einer mikroelektronischen Steuerung versehen. Die Automatik richtet die hydraulisch betätigten Masten mit dem Fangnetz immer dann auf, wenn eine Lichtschranke am Bahnende mit zu hoher Geschwindigkeit durchrollt wird. Die Fernbedienung durch den Flugleiter ist weiterhin möglich.

In der Ausbildung wird der Flugzeugführer darauf vorbereitet, bewußt in ein Hindernis hineinzurollen. Ein solches Element hat es in der Flugvorbereitung unserer Flugzeugführer nicht immer gegeben. In den ersten Jahren der Entwicklung spielte auch ein anderes Ausbildungselement für das fliegende Personal

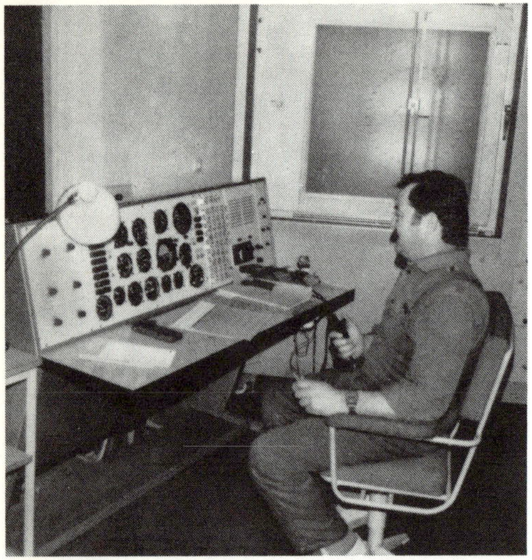

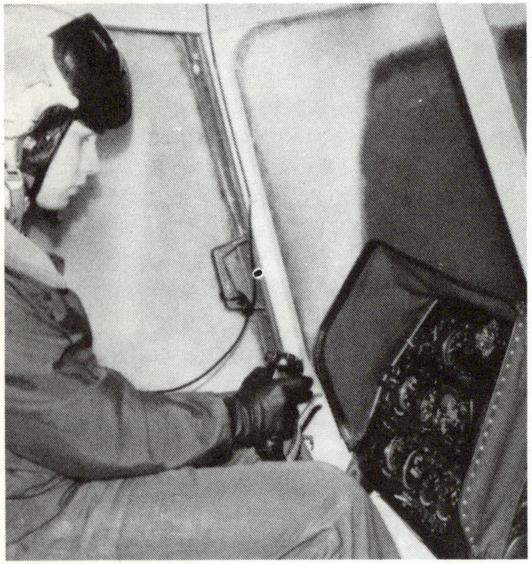

unserer Luftstreitkräfte noch keine so wesentliche Rolle wie heute – gemeint ist der Simulator. Mit ihm wird der Flugschüler – gleich ob künftiger Jagd-, Jagdbomben- oder Transportflieger bzw. Hubschrauberführer – vertraut, bevor er im Originalfluggerät sitzt. Im Verlauf seiner Dienstjahre absolviert er viele Stunden auf dem typengebundenen Simulator.

Das Gebiet der Simulatoren, Trainer und Ausbildungshilfen ist heute bei den Fliegerkräften umfangreicher, als es auf den ersten Blick erscheint. Darauf wurde bereits im Zusammenhang mit der MMM- und Neuererbewegung verwiesen. Aus Platzgründen ist es im Rahmen dieses Bandes nicht möglich, auf alle derartigen werkmäßig hergestellten Geräte und Anlagen sowie Neuererentwicklungen einzugehen. Lediglich auf einige Simulatoren und deren generelle Rolle sei im weiteren verwiesen.

Mit 700 km/h im Lehrgebäude

Soeben hat der künftige Militärflieger, Offiziersschüler des zweiten Studienjahres, im Vorbereitungsraum die letzten Flug- und Navigationselemente berechnet sowie die notwendigen Daten in seine Karte eingetragen, da wird er über Lautsprecher aufgefordert, sich zur Maschine zu begeben. Er stülpt den roten Helm mit dem dunkel getönten Sonnenschutz über die lederne Kopfhaube, greift nach Atemmaske, Handschuhen, Knieplanchett und Flugkarte. Mit schnellen Schritten eilt der junge Mann in der blaugrauen Kombination zum Flugzeug, schwingt sich mit geübter Bewegung in die Kabine und legt die Gurte an, die ihn mit dem Fallschirm und dem Katapultsitz verbinden. Sein Gesicht verrät nicht, ob ihm das Herz jetzt etwas schneller schlägt, ob er aufgeregt ist. Äußerlich erscheint er jedenfalls ruhig und beherrscht, als er mit der Überprüfung der Kabinenausrüstung beginnt. Jede Schalterstellung, jede Anzeige der Geräte und der Navigationsanlage wird kontrolliert. Das geht schnell und systematisch vor sich, aber nicht hastig. Man merkt, der Offiziersschüler hat schon eine gute Ausbildung genossen. Jeder Handgriff sitzt, ist also bereits in Fleisch und Blut übergegangen, wie man so sagt. Er greift zum Kabinendach, zieht es herab. Mit metallischem Klicken rastet die Sicherung ein. Ein Druck mit der linken Hand auf einen Schalter am Drosselhebel – wie der Flugzeugführer den Gasgriff nennt –, und der Funkkontakt mit der Leitstelle ist hergestellt. Der von dort erteilten Erlaubnis folgen das Anlassen des Triebwerkes, der kurze Probelauf und die Überprüfung aller Anlagen sowie der Steuerorgane für den Flug. Die Triebwerküberwachungsgeräte zeigen die vorgeschriebenen Werte an. Die Kontrolle der Navigationsausrüstung bestätigt deren fehlerfreie Arbeit.

Danach rollt die Maschine zum Startpunkt. Über Funk erhält der Flugschüler die Starterlaubnis. Nochmals überprüfen seine Blicke die Anzeigegeräte. Dann drückt er den Knopf

Arbeitsplatz des Instrukteurs im Mi-8-Simulator

Flugschüler beim Training im Mi-8-Simulator

der Borduhr. Von jetzt an kann er auf ihr ständig die vergangene Flugzeit ablesen. Schließlich löst er die Bremsen. In den Kopfhörern wächst das Geräusch des nun mit höchsten Drehzahlen laufenden Triebwerkes an, und gleichzeitig signalisiert ein kräftiges Vibrieren dem jungen Piloten, daß sein Flugzeug auf der Start- und Landebahn immer schneller wird. Das Flugzeug hebt den Bug.

Jetzt hebt der Flugschüler durch Nachlassen des Steuerknüppels den Bug und gibt ihn nachfolgend wieder gering nach vorn, damit die Maschine nicht mit zu geringer Geschwindigkeit abhebt. Da verstummen die polternden Rollgeräusche. Der künstliche Horizont zeigt an, was ein Blick aus der Kabine bestätigt: Das Flugzeug hat von der Piste abgehoben und steigt. Nun Fahrwerk und Landeklappen – letztere dienen beim Start ebenso als Auftriebhilfen wie bei der Landung – einfahren. Kontrolle an den Leuchttafeln. Meldung an den Flugleiter. Der Offiziersschüler setzt den Steigflug fort. Über Funk läßt er sich bestätigen, daß er den Anfangspunkt der Strecke seines Flugauftrages anfliegen kann. Wie berechnet korrigiert er seinen Kurs, damit ihn der Seitenwind nicht von der befohlenen Strecke abdrängt. Nach Erreichen der festgelegten Höhe fliegt er den ersten Wendepunkt an. Seine Fluggeschwindigkeit beträgt inzwischen rund 700 km/h...

Aus dem Lautsprecher der Bodenleitstelle ist die Stimme des Offiziersschülers durch das typische UKW-Rauschen des Flugfunks hindurch leicht verzerrt zu vernehmen. Dennoch spürt man: Er löst seine Aufgabe ruhig und konzentriert. Jetzt hat er den letzten Wendepunkt überflogen und steuert den Flugplatz zur Landung an. Programmgemäß wie der gesamte Flug verläuft auch dieses für den Flugschüler vielleicht schwierigste Element. Die Maschine rumpelt beim Landeanflug und setzt auf der Piste auf. Dann tritt plötzlich Stille ein. Langsam öffnet der künftige Jagdflieger das Kabinendach, löst die Gurte, steigt aus ... und steht auf dem Parkettfußboden eines großen, lichterfüllten Raumes. Der gesamte Flug nämlich fand «im Saal», genauer gesagt in einem der Flugsimulatoren TL-39 statt, die im Hochparterre eines Unterrichtsgebäudes der Offiziershochschule der LSK/LV für Militärflieger «Otto Lilienthal» in Bautzen stehen.

Nach dem Flug meldet sich der Offiziersschüler im Nebenraum, in dem der Instrukteur am Bildschirm sowie an zahlreichen Geräten jede Flugphase verfolgt hat, um sie jetzt mit dem Flugschüler gründlich auszuwerten.

In der Kabine des Flugsimulators TL-39 und am Überwachungspult im Nebenraum ist alles originalgetreu wie in der Kabine des Strahltrainers L-39 «Albatros» eingerichtet, auf dem die künftigen Jagd- und Jagdbombenflieger flügge werden. Den Simulator lernen die Flugschüler kennen, noch bevor sie erstmals in der Kabine des Strahltrainers selbst sitzen. Hier können jeder Griff, jede Schalterstellung und jede Bewegung einschließlich der besonderen Methode zur Beobachtung und Kontrolle der vielen Instrumente, die «Verteilung der Aufmerksamkeit» genannt wird, so lange geübt werden, bis alles beherrscht wird. Da auf dem Simulator neben dem normalen Flug zahlreiche Gefahrensituationen – z. B. Ausfall von Geräten oder des Triebwerkes, Brand im Triebwerk, Ausfall der Stromversorgung – durchgespielt werden können, wird der Flugschüler auch darauf risikolos vorbereitet.

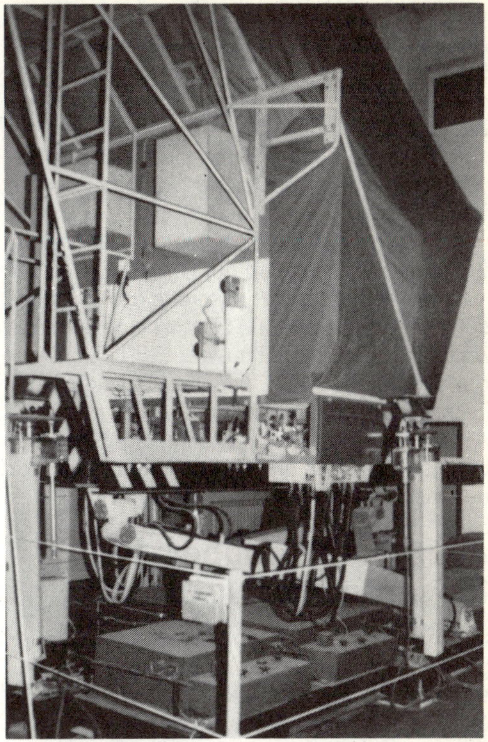

Die beweglich gelagerte Kabine des Simulators KTW Mi-8

Natürlich kann kein noch so raffinierter Simulator das Schulflugzeug ersetzen. Das ist auch nicht beabsichtigt. Doch die Erfahrungen zeigen, daß die Gesamtflugstundenanzahl um

40 Prozent gesenkt werden kann, wenn die Schüler bis zu 25 Prozent der vorgesehenen Flugstunden auf Simulatoren ableisten. Bedenkt man dabei, daß eine Simulatorstunde nur einen Bruchteil einer realen Flugstunde kostet, so kann man ermessen, welche volkswirtschaftliche Bedeutung Flugsimulatoren heute besitzen.

Als an der Offiziershochschule für Militärflieger in Bautzen noch der Strahltrainer L-29 «Delfin» geflogen wurde, spielte der dafür geschaffene Simulator TL-29 dort eine ähnliche Rolle wie seit Übernahme der L-39 «Albatros» der Simulator TL-39. Der Ausbildung künftiger Transportflieger dient der Simulator TL-410. Auch er verfügt über die originalgetreue Kabine sowie über die Kontrolleinrichtung für den Instrukteur zur späteren Auswertung.

Auch Hubschrauber fliegen im Saal

Bedingt durch die Besonderheiten des Fluggerätes sind Simulatoren für Hubschrauber erst relativ spät entwickelt und im Truppendienst eingeführt worden. So war es eine große Errungenschaft, als 1973 im Hubschraubergeschwader «Werner Seelenbinder» ein unter Federführung von Major Günter Janik – inzwischen Oberstleutnant der Reserve und Instrukteur für den Simulator des Kampfhubschraubers Mi-24D im Geschwader «Adolf von Lützow» – entwickelter Simulator für den Hubschrauber Mi-4 in Betrieb genommen werden konnte. Dieser Simulator war vornehmlich für den genannten Truppenteil von Bedeutung. Heute dagegen ist allen Hubschrauberbesatzungen des Typs Mi-8 unseres Landes das flache graue Gebäude am Standort des Hubschrauberausbildungsgeschwaders «Lambert Horn» bekannt, in dem der KTWMi-8 untergebracht ist. Hinter dieser Abkürzung verbirgt sich die Bezeichnung Hubschrauberkomplextrainer Mi-8. Hierher kommen die Besatzungen der Transporthubschrauber Mi-8T aus den Luftstreitkräften sowie der Volksmarine, die der Kampfhubschrauber Mi-8TB der Armeefliegerkräfte ebenso wie Hörer der Militärakademie «Friedrich Engels» oder die Mi-8-Besatzungen unserer Grenztruppen sowie der INTERFLUG. Hauptsächlich ist der Simulator jedoch für die Ausbildung künftiger Hubschrauberführer gedacht.

Flugschüler oder gestandener Hubschrauberführer – jeder absolviert hier eine bestimmte Anzahl von Flugstunden. Natürlich werden dabei unterschiedliche Programme abgearbeitet.

Bevor der Flugschüler einen Mi-8 betritt, erlernt er nach dem notwendigen Maß an Theorie im ersten Studienjahr in der originalgetreu nachgestalteten Kabine zunächst die einfachsten Dinge – wie man sich setzt, anschnallt, die Kopfhaube anschließt, wo welche Geräte, Schalter, Systeme untergebracht sind, wie sie bedient werden, in welcher Reihenfolge man die Aufmerksamkeit verteilt – bei Start und Landung, auf der Strecke oder in anderen Situationen und Fluglagen.

Noch vor dem ersten realen Start erhält der Flugschüler durch den Instrukteur eine komplette Einweisung zum Start in die Zone um den Flugplatz. Danach können die Schüler alle Elemente unter Aufsicht, später auch allein, trainieren. Jede Tätigkeit wird im Anschluß an die Übung von dem jeweils diensthabenden Instrukteur – der Simulator wird mehrschichtig ausgelastet – ausgewertet. Als Instrukteure sind übrigens wie auf dem TL-39 oder auf anderen Simulatoren ehemalige Flugzeug- bzw. Hubschrauberführer tätig. Auf diese Weise können sie ihre wertvollen Erfahrungen, die sie als Kommandeure oder Fluglehrer gesammelt haben, weitergeben.

Nach vorgegebenem Programm erlernt der Flugschüler den Steig-, Horizontal- und Gleitflug. Es ist auch möglich, mit dem Simulator Kurven, Spiralen oder Geschwindigkeitsmanöver auszuführen bzw. nach unterschiedlichen Verfahren – z. B. Rechteck oder Rechenwinkel – zu «landen». Der Instrukteur kann bei gegebenem Ausbildungsstand Aggregate oder Systeme ausfallen lassen, um Erfahrungen zu vermitteln, wie in solchen Fällen zu handeln ist. Zum Simulator kehrt der Flugschüler auch in den nächsten Monaten zurück, wenn er bereits reale Mi-8-Flüge absolviert hat.

Gestandene Besatzungen haben ebenfalls planmäßig eine Anzahl von Übungen und Stunden auf dem KTWMi-8 zu absolvieren. So haben sie während des «Fluges» im Simulator neben Streckenflug- und Navigationsaufgaben besonders schwierige Situationen, wie den Ausfall eines oder beider Triebwerke, Brand oder Notlandung, zu trainieren.

Nach Ansicht erfahrener Hubschrauberführer und Kommandeure von Hubschraubereinheiten kommt es während der Simulatorstunden für die bereits ausgebildeten Besatzungen vor allem darauf an, die Reaktionszeit in

Einem Flugzeugführer von heute kaum noch bekannt – der Simulator PCK-55 aus den Anfangsjahren der NVA

bestimmten Situationen durch ständiges Training zu senken und Fehler in der Hubschrauberführung nicht zuzulassen bzw. auszumerzen. Außerdem läßt sich das Zusammenwirken in der Besatzung vor allem in komplizierten Lagen festigen.

Obwohl die Kabine so gut wie identisch mit der des Hubschraubers Mi-8 ist und obwohl sie sich mit Hilfe der Hydraulik um drei Achsen bewegen läßt, kann der Simulator natürlich nicht alles. Zwar lassen sich mit seiner Hilfe bestimmte Grundlagen vermitteln, doch das reale Fluggerät kann und soll er nicht ersetzen. So sind keine Drehmomente oder Zentrifugalkräfte zu erzeugen, und für die Besatzungen entsteht das sogenannte fliegerische Gefühl nicht. Und dennoch bewährt sich der Simulator nicht nur für den Anfänger, sondern auch in der Weiterbildung. Seinen Niederschlag findet das unter anderem in einer höheren Flugsicherheit ebenso wie in ökonomischer Hinsicht. So berechnet man beispielsweise bei der INTERFLUG eine Flugstunde im Hubschrauber mit 8800,– Mark, während die Stunde im Simulator etwa 250,– Mark kostet.

Sollte nun jedoch jemand meinen, der Flug in der Simulatorkabine ließe sich aus dem Handgelenk erledigen, der lasse sich von den Instrukteuren erzählen, wie oft schon Besatzungen völlig erschöpft, hochrot im Gesicht und mit nassen Flecken unter den Achseln dem Simulator entstiegen sind. So hat sich der zunächst nicht recht beachtete, inzwischen aber sehr gefragte und ständig nach einem genauen Plan ausgelastete Hubschraubersimulator KTWMi-8 auch Respekt verschafft.

Vom allgemeinen zum typengebundenen Simulator

Bereits bevor der speziell für den Strahltrainer L-29 «Delfin» entwickelte Simulator TL-29 von der NVA übernommen wurde, gab es in den Luftstreitkräften Simulatoren. Dabei handelte es sich jedoch zunächst noch nicht um ausgesprochen typenspezifische Geräte, denn die Flugzeugführer aller MiG-15-Ausführungen bedienten sich ihrer ebenso wie die der MiG-17- oder MiG-19-Modifikationen.

Der MiG-21-Simulator KTS-4

Zuvor jedoch ein kurzer Blick auf die internationale Entwicklung von Flugsimulatoren. Als mit der Zunahme der militärischen und zivilen Flugbewegungen während der 20er Jahre das Bestreben auftrat, auch bei schlechten Wetterbedingungen zu fliegen, entstand das Bedürfnis, die dabei zu erwartenden Besonderheiten am Boden trainieren zu können. Der Amerikaner Link begann im Jahre 1929, den Wunsch nach einem «Blindflugtrainer» praktisch zu verwirklichen. Er hatte jedoch mit seinem ersten Gerät zunächst keinen Erfolg, bis sich die Luftstreitkräfte der USA 1934 mehrere Muster bestellten.

Ein Katapultiertrainer für MiG-21-Piloten

Das nach dem Erfinder als «Link-Trainer» benannte Gerät fand vor dem zweiten Weltkrieg im Original oder als Nachbau Eingang in viele Luftverkehrsgesellschaften und Fliegerkräfte der Welt. Während des Krieges, aber besonders danach, wurden die Trainer ständig weiterentwickelt. Anfänglich waren die Dreh-, Kipp- und Rollbewegungen ausführenden Kabinen nur mit naturgetreu nachgebildeten Instrumenten (Wendezeiger, Uhr, Kompaß, Fahrt- und Höhenmesser) sowie Gashebel, Steuerknüppel und Pedalen ausgerüstet. Der Instrukteur konnte allerdings bereits den Flug des Schülers überwachen und korrigieren und bekam den Flugweg durch die Schreib-Krabbe aufgezeichnet. Nach dem zweiten Weltkrieg ging man allmählich dazu über, typengebundene Trainingsgeräte zu bauen.

Etwa ab Mitte der 50er Jahre vollzog sich auf diesem Gebiet international gesehen ein großer qualitativer Sprung; die Konstrukteure begannen, die Apparaturen mit Rechengeräten, Klimaanlagen und Fernseheinrichtungen auszurüsten. Nun waren es nicht mehr schlechthin Kabinen, mit denen man den Blindflug imitieren konnte. Man war jetzt in der Lage, in der Originalkabine des jeweiligen Typs den Flugschüler auf sein Schulflugzeug vorzubereiten oder den Flugzeugführer auf einen neuen Flugzeugtyp umzuschulen. Jetzt konnte man vom eigentlichen Flugsimulator sprechen, mit dem man in der Lage war, die für den bestimmten Flugzeugtyp charakteristischen fühlbaren, sichtbaren und hörbaren Erscheinungen nachzubilden und Flug-, Triebwerks-, Navigations- und psychologische Zustände realistisch zu simulieren. Mit diesen als «Vollflugsimulatoren» bezeichneten Geräten läßt sich auch der Ausfall einzelner Anlagen, Systeme und Geräte simulieren. Relativ selten blieben die äußerst komplizierten Hubschraubersimulatoren.

In der sozialistischen Verteidigungskoalition hat die ČSSR große Erfahrungen in der Produktion und Entwicklung von Flugsimulatoren sowie von Übungs- und Trainingsgeräten. Dort wurden bis zum Jahre 1953 ausländische Geräte produziert. Im Jahre 1952 hatte man die eigene Flugzeugführerkabine PCK-52 konstruiert und im darauffolgenden Jahr in die Serienproduktion übernommen. Die Weiterentwicklung PCK-53 war für die Ausbildung von Flugschülern und künftigen Il-14-Piloten gedacht. In der Kabine konnte die Funktion des Funkkompasses ARK-5 imitiert werden. Einen derartigen Simulator gab es Ende der 50er Jahre auch an der Fliegerschule der NVA – gewissermaßen als Vorläufer der Simulatoren TL-29 und TL-39.

Für die Flugzeugführerausbildung am Strahlflugzeug MiG-15bis wurde im Jahre 1956 der Prototyp des Simulators PCK-55 fertiggestellt. Nach Aufnahme des Serienbaus im Jahre 1958 wurde er von allen sozialistischen Staaten – so auch von der DDR – für deren Luftstreitkräfte übernommen. Mit diesem Simulator ließen sich folgende Geschwindigkeitsparameter simulieren: maximale Geschwindigkeit 1070 km/h, optimale Geschwindigkeit 710 km/h, minimale Geschwindigkeit ohne Klappen 200 bis 220 km/h, mit Klappen

Anlaßgerät APA-5 auf Ural 375D an einer MiG-23BN

180 km/h. Der PCK-55 ist in Olomouc bis zum Jahre 1962 in Serie gebaut worden. Ihm folgte für die Bedingungen der MiG-19 der Simulator PCK-58.

Da sich die Geräteausrüstung von MiG-15, MiG-15bis und den Flugzeugen der MiG-17-Reihe nicht grundlegend voneinander unterschied, ist der PCK-55 in der Regel von allen Geschwadern, die mit diesen Flugzeugtypen ausgerüstet waren, über viele Jahre benutzt worden. Der PCK-55 diente auch für die Ausbildung im Zusammenwirken von Flugzeugführern und Gefechtsständen.

Eine prinzipiell neue Simulatorgeneration kam mit dem Flugzeugtyp MiG-21 in die Ausrüstung der Luftstreitkräfte der NVA. Während für alle Modifikationen bis zur MiG-21PFM der Simulator TL-8 verwendet wurde, dient der KTS-4 in unterschiedlichen Ausführungen für alle MiG-21-Modifikationen ab MiG-21SPS. Das wurde vor allem durch die Verwendung eines anderen Schleudersitz-Systems notwendig, aber auch durch veränderte Ausrüstung unterschiedlichster Art.

Neben den Flugsimulatoren gibt es noch eine Reihe anderer Simulatoren, Trainer und Ausbildungshilfen; so unterschiedliche Katapultiertrainer, Übungsstände für das Aufmunitionieren und Bewaffnen von Flugzeugen oder Hubschraubern, Simulatoren für das Anlassen von Triebwerken oder zum Training einzelner Elemente an unterschiedlicher Technik.

Der flugplatzeigene Fuhrpark

Allgemein wird den Fahrzeugen, die es auf jedem Flugplatz in großer Anzahl und in vielfältiger Art gibt, in Publikationen wenig Beachtung geschenkt. Deshalb hier ein Blick auf die Vielfalt von kleinen, mittleren und großen Fahrzeugen auf den Flugplätzen der NVA.

Statistiker haben errechnet, daß mehr als 60 Spezialisten unterschiedlicher Fachgebiete – in Stäben und Führungsstellen, des Fliegeringenieurdienstes, der fliegertechnischen und der flugplatztechnischen Versorgung, der Nachrichten- und Flugsicherungstruppen sowie der rückwärtigen Dienste – tätig sind, damit eine MiG-21 starten und der Flugzeugführer seinen Auftrag erfüllen kann.

In diesem Zusammenhang wurde auch ermittelt, daß die Techniker und Mechaniker des Fliegeringenieurdienstes – unterteilt in die Fachgebiete Triebwerk/Zelle, Elektrospezialausrüstung, Flugzeugfunk- und Flugzeugfunkmeßausrüstung sowie Flugzeugbewaffnung – für das einwandfreie Funktionieren von über 250 000 Einzelteilen, davon etwa 100 000 gleitenden, verantwortlich sind. Um den Ausfall eines Teiles, einer Baugruppe zu verhindern, stehen vom herkömmlichen Werkzeugsatz bis zur Rechentechnik und bis zum elektronischen Prüfgerät alle erforderlichen technischen Einrichtungen und Hilfsmittel zur Verfügung. Da man in der Lage sein muß, mit diesen Einrichtungen und Prüfmitteln schnell von einem Flugzeug zum anderen zu gelangen, sind sie in der Regel auf Fahrzeugen untergebracht.

Im Verlauf der Jahre hat sich die Zusammensetzung des Fuhrparkes eines Flugplatzes generell verändert. So gab es zur Zeit der MiG-15/17/19 noch kein Prüffahrzeug auf der Basis des GAZ-66 mit Anhänger, wie es für die MiG-23-Einheiten heute typisch ist. Und zur Zeit des Strahltrainers L-29 war der UAZ-Kleinbus unbekannt, wie er jetzt als komplexes Prüffahrzeug für die L-39 verwendet wird. Gegenwärtig sind in einem Fliegertechnischen Bataillon (es ist für einen Flugplatz verantwortlich) über 300 Fahrzeuge eingesetzt, um die Aufgaben der Nachrichten- und Flugsicherungstruppen, der fliegertechnischen Versorgung, der Flugplatzwartung und -instandsetzung sowie des Transportes von Personal, Verpflegung sowie von Material unterschiedlichster Art abzusichern. Nur nebenbei erwähnt sei, daß die für jeden Flug unentbehrlichen Funkmeßstationen sowie deren Antennen und Aggregate, die sich ebenfalls auf Fahrzeugen befinden, in dieser Zahl noch nicht enthalten sind.

Neue Fahrzeuggenerationen

Betrachtet man die Zusammensetzung des Fuhrparkes auf einem Flugplatz etwas näher, so stellt man fest, daß nicht nur neue Fahrzeugarten – wie die erwähnten Prüf- und Kontrollwagen – eingeführt wurden, sondern auch zahlreiche moderne Typen frühere Kraftfahrzeuggenerationen abgelöst haben. Lediglich in Einzelfällen begegnet man noch Fahrzeugveteranen. Kaum einer der jetzigen Flugzeugführergenerationen kennt noch den als «Schweinekoben» bezeichneten offenen «Garant» 30K aus Zittau mit dem flachen Holz-

Ein GAZ-66 mit Peiler

aufbau und hinteren Ausstieg, der einmal als Transporter für die Piloten gedient hatte. Längst sind an seine Stelle Busse verschiedener Typen – darunter auch LO-Typen von Robur – getreten. Verschwunden sind auch die geländegängigen Kübel P2M und P3. Noch immer hält sich dagegen der kleine Alleskönner-Kübel P601A, der allgemein als «Stoffhund» bekannt ist. In gewisser Weise hat ihm vielleicht in den letzten Jahren der immer weiter verbreitete «Multicar» M-25 den Rang abgelaufen, wenn es um den Transport von Gegenständen aller Art geht.

Ebenfalls nicht mehr anzutreffen sind solche Kfz-Typen wie H3A, H3Z, S4000 oder H6 aus früher DDR-Produktion. Sie wurden auf unseren Flugplätzen als Träger von Sauerstoff-Anlagen, Anlaßmitteln sowie anderer Geräte und außerdem als Schlepper für die Flugzeuge verwendet.

So gut wie nicht mehr zu finden ist auch der über Jahrzehnte bewährte Dreiachser G5, der als Universal-LKW, als fahrbare Werkstatt mit unterschiedlicher Ausrüstung und Zweckbestimmung, als Tanklöschfahrzeug oder als Tankwagen in verschiedener Ausführung schier unverwüstlich war. An die Stelle des G5-Löschfahrzeuges traten ab 1971 das Tanklöschfahrzeug T 138 TLF 32, ab 1973 der ebenfalls aus den Tatra-Werken der ČSSR stammende Typ T 148 ASC 32 (beide Tatra mit je 6,6 m^3 Löschmitteln). Inzwischen verfügen die Flugplatzfeuerwehren auch über Tanklöschfahrzeuge W 50 LA/A und Tatra 815. In den Jahren 1968 und 1973 kamen zwei weitere Tatra-Typen in den Bestand des Flugplatz-Fuhrparkes. Es waren die Flugfeldtankwagen T 138 CL 12 mit Anhänger CP 11 bzw. der Flugfeldtankwagen T 148 CL 12. Ein dritter Tatra-Flugfeldtankwagen erschien schließlich im Jahre 1977 mit dem Typ CAPL T 148-15.

Bei den traditionsgemäß vor allem mit Fahrzeugen aus sowjetischer Produktion ausgestatteten Flugsicherungstruppen sind an die Stelle der Zweiachser ZIS-150 solche vom Typ

ZIL-130 bzw. ZIL-131 getreten. Sie dienen beispielsweise als Träger eines Landescheinwerfers APM-90 (leuchtet nachts den Aufsetzpunkt des Flugzeuges auf der Start- und Landebahn aus) oder des Codeleuchtfeuers KNS-1p (kennzeichnet den Nahmarkierungspunkt 1000 m vor der Start- und Landebahn, sendet die Kennung des Flugplatzes in Form von Buchstaben nach dem Morsealphabet). Aber auch der Arbeitsplatz des Hilfsflugleiters – als Start-Kommando-Punkt oder kurz SKP bezeichnet – ist auf einem solchen LKW untergebracht. Typisch für den SKP ist die Glaskanzel, von der aus der Flugleiter sowie seine Helfer – der diensthabende Steuermann, der Meteorologe, der Funkmeßdispatcher, der Startschreiber und der Auswerter – Sichtkontakt zu den Flugzeugen auf der Bahn haben.

Ohne auf Einzelheiten einzugehen, sei hier ergänzt, daß auch die für den Funkverkehr Boden – Flugzeug benötigten Funkstellen sowie die Landeanlagen (von dort erhält der Flugzeugführer bei schwierigen Bedingungen vom Landeleiter Informationen über einzunehmende Kurse und Höhen bis zum Aufsetzen auf der Bahn) auf Fahrzeugen untergebracht sind. Ebenfalls nur erwähnt sei die LO-Fahrzeugreihe, die auf den Flugplätzen im unterschiedlichsten Dienstalter sowie in verschiedenen Modifikationen anzutreffen ist – z. B. als leichter LKW, als Sankra oder als Bus.

Die über 2 Kilometer lange Start- und Landebahn, die Stich- und Rollbahnen sowie die Abstell- und Abbremsflächen aus Beton benötigen ebenso wie die zwischen 150 und 250 Hektar umfassenden Rasenflächen ob im Sommer oder im Winter eine bestimmte Wartung und Pflege. Dazu sind Schneefräsen und Eisabtaugeräte ebenso notwendig wie Feldhäcksler, Wiesenwalzen oder Schlepper – auch das gehört zum Bild des Fuhrparkes auf einem Militärflugplatz. Ausgespart blieb bisher bei der Aufzählung eine ganze Fahrzeuggruppe: die Flugzeugversorgungstechnik auf Rädern.

Auch das Code-Leuchtfeuer ist motorisiert

Für Flüssigkeiten, Gase und Energie

Mit der Weiterentwicklung der Flugzeuge und Hubschrauber machten sich auch auf dem Gebiet der Flugzeugversorgungstechnik Veränderungen notwendig. Benötigt wird sie vor allem zum Betanken von Flugzeugen und Hubschraubern mit medizinischem Sauerstoff, Stickstoff, Druckluft und Kohlendioxid. Außerdem dient sie zum Vorwärmen von Kabinen und Triebwerken, zum Anlassen der Triebwerke und zum Versorgen der elektrischen Bordnetze mit Elektroenergie für die Kontroll- und Wartungsarbeiten. Schließlich wird die Flugzeugversorgungstechnik zur Kontrolle, zum Warten und Instandsetzen von Flugzeugakkumulatoren sowie der eigenen Akkumulatoren benötigt. Im weiteren werden einige der insgesamt über 70 Typen umfassenden Palette an Flugzeugversorgungstechnik genannt, die auf verschiedenen Träger-Kfz (auch als Flugzeugschlepp-Kfz verwendet) als Rüstsatz montiert sind.

Beginnen wir mit dem W 50 aus der DDR-Produktion: In der geländegängigen Ausführung W 50 LA/A/ZA wird er mit fünf verschiedenen Ausrüstungen eingesetzt. So finden wir ihn auf den Flugplätzen als Träger des Dieselkompressors Diko-90/350 oder Diko-90/350M (beide unterscheiden sich in der Verdichterleistung), der Sauerstoffumfüllstation SUS-2 (in den Modifikationen SUS-2a bis SUS-2f mit 30 oder 26 Druckgasbehältern; typisch ist der viereckige Ganzmetall-Kofferaufbau), des Anlaßgerätes AG-2 mit Gasturbine zum gleichzeitigen Anlassen von zwei Flugzeugen oder Hubschraubern bzw. des Anlaßgerätes AG-3 mit Kleingasturbine (beide Anlaßgeräte haben eine kastenförmige Verkleidung aus glasfaserverstärktem Polyesterwerkstoff mit Schutz gegen Korrosion und mit Lärmdämmung), aber auch als Flüssiggastransporter AGU-1 für Sauerstoff und Stick-

Flüssiggastransporter AGU-1 auf dem Fahrgestell des W 50 LA/Z/A

stoff (Ganzmetallaufbau mit kastenförmiger Erhebung im vorderen Teil). Eine weitere Sauerstoff-Stickstoff-Transporteinrichtung ist auf dem Zweiachsanhänger vom Typ HL 50.02/1 untergebracht. Weitere Typen von Zwei- oder Einachsanhängern dienen als Elektroaggregate sowie als Stromversorgungsgeräte.

Fahrzeuge, die ebenfalls für den Flugdienst benötigt werden

Löschfahrzeug TLF CAS 32-T 815

Ein älteres Foto von der Fahrzeugpalette eines Flugplatzes

Dieselkompressor Diko-90/350 auf dem Fahrgestell des W 50 LA/Z/A

Der robuste Dreiachser ZIL-131 wird als Stickstoffumfüllstation UGZS-MA-131 (flacher Ganzmetallaufbau, hinten zwei Türen), als Kohlendioxidumfüllstation AUSZ-2M-131 (hoher Kofferaufbau, oben Fenster), als Vorwärmgerät UMP-350 (flacher Aufbau, seitlich und hinten große Luken, Rückseite oben fünf kreisförmige Luken), als Klimastation KS-1 (verwendbar in den Betriebsarten Kühlung Ausrüstung oder Kabine und Heizung Ausrüstung oder Kabine; flacher, oben schmalerer Aufbau mit großen Luken) und schließlich als Anlaßgerät APA-50M (große, nach oben zu öffnende Abdeckungen über dem flachen Aufbau) verwendet.

Das kleinbusartige Mehrzweckfahrzeug ist bei der Flugzeugversorgungstechnik als Klimastation KLS-4 (Bezeichnung des Basisfahrzeugs: UAZ-452Ä) sowie als Anlaßgerät A-86M vertreten. Weitere Anlaßgeräte befinden sich auf dem Ural 375D (APA-5) sowie auf dem dieselmotorgetriebenen Ural 4320 (APA-5D), beide haben an seitlich ausschwenkbaren Metallträgern befestigte Stromversorgungskabel. Sowohl der Ural 375D wie auch der Ural 4320 dienen ebenfalls als Träger einer Akkuladestation vom Typ ALE-4/1, die in einem leicht absetzbaren Koffer (LAK) untergebracht ist. Nach Abnahme des Koffers mit einem Hebezeug ist die Pritsche für andere Aufgaben frei. LAK gibt es in der NVA mit unterschiedlichem Inhalt, beispielsweise als Feldkocheinrichtung.

Fahrbarer Scheinwerfer

Der bereits erwähnte ZIL-130 dient als Flüssiggastransporter AGU-2M ebenfalls in diesem Bereich.

Zu den bei den Luftstreitkräften der NVA nicht sehr gebräuchlichen Fahrzeugtypen zählen die schweren Dreiachser KrAZ-250 und KrAZ-257. Bei der Flugzeugversorgungstechnik sind sie jedoch zu finden – als Luftzerlegungsanlage AKDS-70M, untergebracht auf zwei LKW (Kompressorstation und technologische Station). Bis zum Baujahr 1986 handelt es sich um KrAZ-257, danach um KrAZ-250.

Der Vollständigkeit halber sei erwähnt, daß natürlich Kräder und PKW mehrerer Typen, Mehrzwecktransporter B-1000, geländegängige UAZ-469, mehrere Bus-Typen sowie

Fahrzeuge der Robur-Reihe wie LO 2501 oder LO 3000 und auch sowjetische LKW vom Typ KamAS 5320 auf den Flugplätzen der Luftstreitkräfte, der Armeeflieger oder der Seeflieger der NVA zu finden sind.

Hubschrauber in Marineblau

Im Verlauf der 60er Jahre hatte sich im Bestand der Volksmarine der DDR eine selbständige Staffel herausgebildet. Sie hatte zunächst die Aufgabe, mit ihren Hubschraubern Mi-4A über der Ostsee zur Aufklärung und zur Seenotrettung zu handeln sowie schnell auszuführende Transporte sicherzustellen. Mit der Übernahme spezieller Marinehubschrauber Mi-4M im Jahre 1965 konzentrierten sich die Angehörigen der Staffel verstärkt auf die Ausbildung im Suchen und Bekämpfen von Unterwasserfahrzeugen (siehe dazu «Flugzeuge und Hubschrauber der NVA von 1956 bis 1970»).

Als die Einheit im Jahre 1971 in U-Jagd-Hubschrauberstaffel umbenannt wurde, war sie noch mit Hubschraubern der Typen Mi-4A und Mi-4M ausgerüstet, die jeweils von einem Kolbenmotor ASch-82W (Startleistung 1250 kW) angetrieben wurden. Ab 1974 ersetzten die mit jeweils zwei Turbinentriebwerken versehenen Hubschrauber Mi-8T diese Typen. Zwar waren sie noch keine eigentlichen Marinehubschrauber. Allein das Vorhandensein von zwei Triebwerken erhöhte die Flugsicherheit jedoch bedeutend. Das ist für Flüge über See besonders wichtig.

Bereits beim ersten Schießen mit den seitlich an Streben in Containern untergebrachten ungelenkten 57-mm-Raketen gegen Ziele in See erreichten die eben erst ausgebildeten Mi-8-Besatzungen ausgezeichnete Ergebnisse. Die Hubschrauber Mi-8 – Mitte der 70er Jahre kam auch der stärker bewaffnete Mi-8TB in die Ausrüstung der Marineflieger – konnten zur Seenotrettung, zur Aufklärung, zu Transport- und Kurierflügen sowie zur Bekämpfung kleiner Überwasserziele und Küstenobjekte eingesetzt werden. Neben der Standardbewaffnung – ungelenkte Raketen, Bomben, bewegliches 12,7-mm-MG im Bug (Mi-8T nur ungelenkte Raketen) – sind die über See handelnden Mi-8 je nach Aufgabe speziell ausgerüstet. In jedem Fall befindet sich selbstverständlich die Seenotausrüstung an Bord, und die Besatzungsmitglieder tragen Seenotrettungsanzüge.

Am 1. Dezember 1976 ist die Staffel in ein Hubschraubergeschwader umstrukturiert worden. Es erhielt am 1. März 1981 anläßlich des 25. Jahrestages der NVA den Namen des Dichters Kurt Barthel. Für die ausgezeichneten Ergebnisse im Erfüllen aller Gefechtsaufgaben ist der Marinefliegertruppenteil wiederholt hoch geehrt worden.

Im Verlauf ihrer Entwicklung sind die Hubschrauberbesatzungen der Marinefliegerkräfte in zahlreichen Fällen für Rettungsflüge innerhalb der NVA, aber auch im zivilen Bereich eingesetzt worden. In der Bevölkerung des Küstenbezirkes ist der aufopferungsvolle Einsatz von Marinehubschraubern während des verheerenden Kälteeinbruchs zur Jahreswende 1978/79 noch in guter Erinnerung. Allein während der ersten Etappe vom 31. Dezember 1978 bis zum 5. Januar 1979 unternahmen sie 36 Einsätze mit 152 Starts. Transportiert wurden 118 Personen, abgeschnittene Ortschaften erhielten Lebensmittel, 13 Rettungsflüge wurden unternommen, acht schwangere Frauen unter sehr komplizierten Bedingungen nach Stralsund geflogen. Rügen-Radio erhielt auf dem Luftwege 60 Kraftstoff-Fässer zu je 200 l, zum Kernkraftwerk Lubmin wurden am 31. Dezember 53 Schichtarbeiter eingeflogen, und Hiddensee erhielt am 1. Januar 5 t Lebensmittel aus der Luft. Als der Winter nochmals seine Stärke bewies, unternahmen die Marineflieger in dieser zweiten Etappe vom 15. bis zum 19. Februar 1979 83 Einsätze. So flogen sie z. B. 408 Schichtarbeiter zum Kernkraftwerk Nord und 24 schwangere Frauen zu Kliniken.

Für die speziellen Aufgaben der Unterwasserabwehr erhielt das Geschwader den Hubschrauber Mi-14. Wie in anderen Fliegertruppenteilen, so hieß es auch im Geschwader «Kurt Barthel» für die fliegenden Besatzungen sowie für das sicherstellende Personal, die neuen Hubschrauber kennen und beherrschen zu lernen, sich auf die veränderten Bedingungen in kurzer Zeit einzustellen. Dazu gehört beispielsweise das Landen auf dem Wasser und der Start aus diesem Element. Das gab es zuvor nicht in der Ausbildung, denn alle vorher geflogenen Hubschraubertypen waren konstruktiv nicht zum Wassern geeignet.

Zu den neuen Bedingungen gehörte auch, daß die Hubschrauber vom Typ Mi-14 eine umfangreichere Ausrüstung als frühere Hub-

schraubertypen aufweisen. Damit ergaben sich höhere Anforderungen an die Besatzungen, um diese Ausrüstung optimal anwenden zu können. Selbstverständlich erhöhten sich damit auch die Forderungen an das Personal, das die Hubschrauber wartet und instand setzt.

Die U-Boot-Abwehr

Um eine Vorstellung vom Einsatz der Marinehubschrauber Mi-14PL gegen Unterwasserfahrzeuge zu vermitteln, seien hier kurz die dafür vorhandene Ausrüstung beschrieben sowie der Verlauf selbst geschildert.

Prinzipiell muß man feststellen: Die Fähigkeit des Hubschraubers, auch über der Wasseroberfläche in der Standschwebe zu verharren, ist für die Suche und das Bekämpfen von Unterwasserfahrzeugen vorteilhaft. Beim Mi-14PL kommt hinzu, daß er eine ganze Reihe von Anlagen für UAW-Aufgaben an Bord hat, über die frühere Hubschrauber nicht verfügten. Allein die Ausrüstung mit moderneren Navigationsanlagen ermöglicht, mit hoher Genauigkeit über See zu handeln.

Eingesetzt wird der Mi-14PL in der Suchsowie in der Schlagvariante. Beide handeln beim Bekämpfen von U-Booten gemeinsam. Ständig an Bord befinden sich in beiden Hubschraubervarianten die Panoramafunkmeßstation, der Zieldatenrechner, die Datenübertragungsanlage, die Empfangsanlage für die Signale der hydroakustischen Funkbojen (HFB), die absenkbare hydroakustische Anlage

Mi-14BT vor der Übernahme des Suchgeschirrs

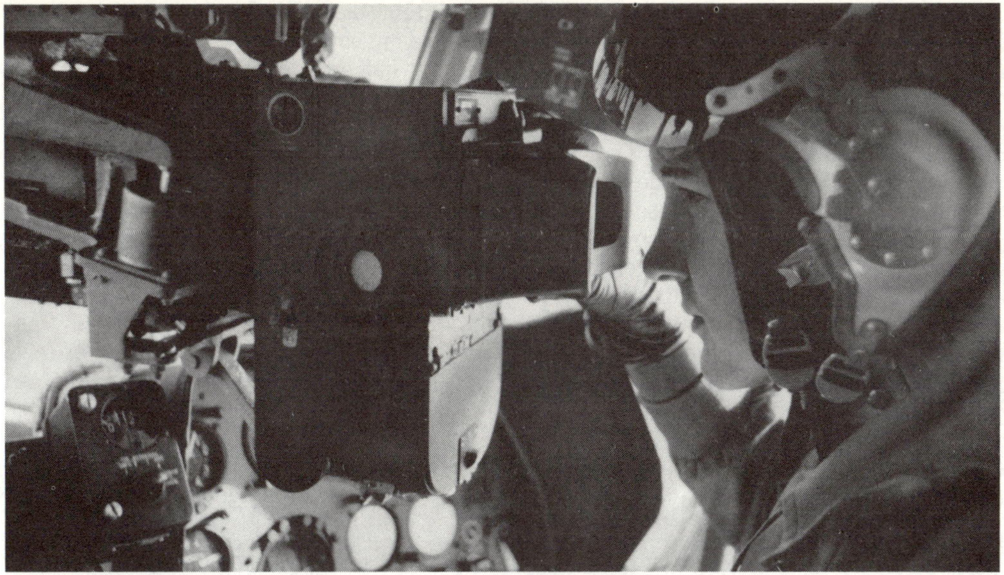

(AHAA) und auch das Magnetortungsgerät.

Die HFB werden aus einer festgelegten, möglichst geringen Flughöhe aus dem Hubschrauber abgeworfen, wobei ein Schirm den Fall der Bojen stabilisiert. Sobald die Wasseroberfläche berührt wird, löst sich der Fallschirm. Gleichzeitig werden das Hydrofon frei und die Funkantenne ausgefahren. Die hydroakustische Funkboje ist einsatzbereit, nachdem das in die Boje eingedrungene Meerwasser den Akku aktiviert hat. Die Boje nimmt die Unterwassergeräusche des Fahrzeuges über das Hydrofon auf, verstärkt sie, moduliert sie auf eine Trägerfrequenz und sendet sie über Funk in die Atmosphäre. Der Operateur an Bord des Suchhubschraubers Mi-14PL nimmt die Signale auf und wertet sie aus. Bereits vor dem Start werden in einer hydrologischen Beratung alle Bedingungen – Jahreszeit, Wassertemperatur, Strömungen, Tiefen usw. – für das Einsatzgebiet berücksichtigt, um alle Parameter berechnen zu können. Danach legt man die Hydrofonkabellängen, die Empfindlichkeitswerte für die hydroakustischen Empfänger sowie das einzuhaltende Intervall für das Werfen der Bojen fest.

Die in Abhängigkeit von der Methode der U-Boot-Suche in unterschiedlicher Form abgeworfenen HFB (Felder, Barrieren) arbeiten auf unterschiedlichen Frequenzen, die von der Empfangsanlage im Hubschrauber automatisch aufeinanderfolgend abgehört werden. Je

Der Operateur an Bord des Mi-14

Ein Mi-14PL gewassert

Ein Mi-14 im Überflug; die Schwimmer sind aufgeblasen

nach Konstruktion kann man mit den HFB feststellen, daß sich unter Wasser ein Objekt befindet und bewegt (passive HFB), oder es ist mit Hilfe der gerichtet empfangenden Boje (aktive HFB) auch möglich, die Peilung zum U-Boot zu ermitteln. Kombinierte Bojen schalten aus dem passiven Regime in das aktive über, sobald sie U-Boot-Geräusche empfangen haben.

Die absenkbare hydroakustische Anlage (AHAA) ist speziell für die Hubschrauber entwickelt worden, um in der Standschwebe genutzt zu werden. Beim Mi-14PL ist sie etwa in Rumpfmitte angebracht. In der Transportlage befindet sie sich im Rumpf. Aus einer Flughöhe von etwa 20 m wird der Sende- und Empfangsteil auf eine befohlene Wassertiefe abgesenkt. Je nach Situation wird nun der Unterwasserraum im passiven oder aktiven Regime abgesucht. Der U-Boot-Standort kann von zwei Hubschraubern im passiven Regime (Vorteil: im U-Boot wird die Ortung nicht festgestellt) oder von einem Mi-14PL im aktiven Regime ermittelt werden.

Besteht die Wahrscheinlichkeit, daß der Kontakt mit einem Unterwasserziel hergestellt ist, dann läßt sich dessen Entfernung mit Hilfe eines abgestrahlten Schallimpulses messen. Die ermittelte Peilung sowie die Distanz zum Ziel sind die Ausgangswerte für weitere Handlungen. Ein automatisches Steuerungssystem unterstützt den Besatzungskommandeur beim Einhalten der Standschwebe über der vorgegebenen Position. Außerdem ist damit gewährleistet, daß die Trosse mit der abgesenkten Anlage immer im rechten Winkel zur Wasseroberfläche steht, damit sich keine Fehlwerte einschleichen können.

Am Heck des Hubschraubers ist außen der Suchkopf des Magnetortungsgerätes (MOG) angebracht. Das MOG ist zum Messen der Anomalien des Erdmagnetfeldes bestimmt,

Ein Mi-14PL; deutlich erkennbar ist das absenkbare Gerät am Heck

Mi-14PL bei der Landung

die von ferromagnetischen Körpern oder elektromagnetischen Feldern verursacht werden. Der Suchkopf wird während des Fluges über eine Bordwinde herabgelassen, wonach das über der Wasseroberfläche schwebende Suchgerät Verzerrungen des Erdmagnetfeldes registriert. Sie werden von einem Schreibgerät festgehalten. Vorgesehen ist das MOG vor allem zur Suche von in geringen Wassertiefen oder unter einer Eisdecke fahrenden bzw. auf dem Grund liegenden U-Booten. Mit der Funkmeßstation an Bord lassen sich über Wasser laufende oder in Schnorchel- bzw. Sehrohrlage befindliche Fahrzeuge ausmachen.

Haben die Hubschrauber mit Hilfe der hydroakustischen Funkbojen oder der absenkbaren hydroakustischen Anlage bzw. durch beide Geräte ein Unterwasserfahrzeug ausgemacht, so dienen diese nun weiterhin dazu, das Ziel zu begleiten sowie dessen Kurs und Geschwindigkeit zu ermitteln. Dazu wird der Zieldatenrechner benutzt. Wird das ausgemachte U-Boot nicht durch herbeigerufene UAW-Schiffskräfte bekämpft, so kann diese Aufgabe von Mi-14PL in der Schlagvariante übernommen werden. Sie erhalten vom Suchhubschrauber über die Datenübertragungsanlage die Zielangaben. Den Anflugkurs sowie den Zeitpunkt des Abwurfs der an Bord befindlichen Wasserbomben ermittelt der Zieldatenrechner. Das automatische Steuerungssystem übernimmt den Zielanflug, und vom Suchhubschrauber wird das Ergebnis des Waffeneinsatzes registriert.[9]

Ein ständiges Training der Hubschrauberbesatzungen selbst sowie im Zusammenwirken mit schwimmenden UAW-Einheiten ist notwendig, um den gesamten Komplex von Geräten und Anlagen optimal zu beherrschen und UAW-Aufgaben am Tage und in der Nacht erfüllen zu können.

Bei Übungen der Volksmarine sowie gemeinsamen Handlungen der verbündeten Flotten im Ostseeraum haben die Besatzungen des Marinehubschraubergeschwaders «Kurt Barthel» wiederholt nachgewiesen, daß sie ihre Hubschrauber aller Typen und Modifikationen beherrschen.

9 Alle Angaben zum UAW-Hubschrauber Mi-14PL nach: H.-D. Stahn, U. Schumann, Der Einsatz des Hubschraubers Mi-14PL zur Erfüllung von UAW-Aufgaben. In: Militärwesen, Berlin, H. 11/86, S. 44 ff. S. Finke, Der Einsatz von Marinehubschraubern in Handlungen der Seestreitkräfte. In: Militärwesen, Berlin, H. 3/87, S. 35 ff.

TEIL 2

Die Flugzeug- und Hubschraubertypen der NVA von 1971 bis zur Gegenwart

Schul- und Übungsflugzeug L-39ZO «Albatros»

Ab Anfang 1978 trat an der heutigen Offiziershochschule der LSK/LV für Militärflieger der Strahltrainer L-39ZO «Albatros» an die Stelle des bewährten Typs L-29 «Delfin». Die Basis für die Konstruktion des «Albatros» waren die guten Erfahrungen, die mit der L-29 sowie mit dem dazugehörenden Simulator TL-29 gesammelt worden waren. In der zweiten Hälfte der 60er Jahre hatte die Luftfahrtindustrie der ČSSR vom Rat für Gegenseitige Wirtschaftshilfe den alleinigen Entwicklungsauftrag für ein neues Ausbildungssystem erhalten, zu dem das eigentliche Schulflugzeug sowie ein Komplex von typengebundenen Übungsgeräten gehören sollten.

Der ab 1974 in Serie gebaute Strahltrainer L-39 (die NVA nutzt die Version L-39ZO) ist für den gesamten Bereich der Grundausbildung sowie für das Fortgeschrittenentraining von Flugschülern bzw. Flugzeugführern bei Tag und Nacht unter schwierigen meteorologischen Bedingungen geeignet.

Möglich sind das Training von Kampfmanövern, das Bekämpfen von Luftzielen mit gelenkten Luft-Luft-Raketen (mit Infrarotzielsuchkopf), das Training des Abfangens von Luftzielen mit Hilfe des Foto-MG's, das Bekämpfen von Luftzielen (beispielsweise Hubschrauber) und Bodenzielen mit ungelenkten Raketen sowie das Vernichten von Zielen auf dem Wasser oder auf dem Land mit Bomben unterschiedlicher Art. Außerdem lassen sich Aufklärungsflüge unternehmen. Ausgebildet werden auf der L-39ZO die künftigen Jagd- und Jagdbombenflieger.

Der auch für Gefechtsaufgaben verwendbare Strahltrainer L-39ZO «Albatros» ist ein Ganzmetall-Tiefdecker. Sein Rumpf besteht aus zwei Hauptteilen. Im vorderen Teil befinden sich drei Sektionen. Zur ersten Sektion gehört

Katapultiertrainer NKTL-29/39 für die L-39

der Bug, in dem fast alle Geräte und Baugruppen der Funk- sowie Elektronikausrüstung untergebracht sind. Der Innenraum ist durch große, nach oben zu öffnende Klappen leicht zugänglich. Schürzen schützen den Raum vor Regenwasser. In dieser Sektion ist auch das nach vorn einziehbare Bugrad untergebracht.

Die zweite Sektion besteht aus der hermetisierbaren Kabine mit den beiden hintereinanderliegenden Sitzen. Über ihnen befinden sich die einzeln nach rechts klappbaren Kabinendächer. Die mit Doppelsteuerung (vorn Flugschüler, hinten Fluglehrer) versehene Kabine ist voll klimatisiert und hält automatisch eine Temperatur von +10 °C bis +28 °C bei Außentemperaturen von −55 °C bis +45 °C.

An der vorderen, für Wartungszwecke abzuklappenden Kabinenverglasung befindet sich eine Enteisungsanlage. Zum Besteigen und Verlassen der Kabine werden dank den am Rumpf unten links angebrachten ausklappbaren Trittstufen keine Anlegeleitern benötigt. Die beiden Katapultsitze WS 1BRI erlauben in Notsituationen das gefahrlose Verlassen des Flugzeuges im Geschwindigkeitsbereich von 150 bis 700 km/h in Höhen von 0 bis 12 000 m bei Außentemperaturen von −60 °C bis +60 °C.

Zur ständigen Ausrüstung der Maschine gehört ein Flugdatenschreiber.

Hinter der Kabine sind in der dritten Sektion die fünf Gummikraftstoffbehälter untergebracht (Fassungsvermögen 1070 l). Am Rumpfunterteil der dritten Sektion ist der durchgehende Tragflügel befestigt. Darüber liegen beiderseits des Rumpfes die durch den Tragflügel vor hochgeschleuderten Fremdkörpern geschützten, halbkreisförmigen Eingangsteile. Grenzschichtabweiser dicht am Rumpf und beheizbare Vorderkanten (Schutz vor Eisansatz) sind weitere Merkmale der Lufteinläufe. Ein Brandschott grenzt diese Sektion nach hinten ab. Im Rumpfboden befindet sich in Höhe der rechten Tragflügelhinterkante ein nach unten ausklappbares Notstromaggregat. Bei Triebwerkausfall fährt dieses mit einem ummantelten Propeller mit fünf kleinen, verstellbaren Blättern gekoppelte Aggregat automatisch aus und versorgt unabhängig von der Akkumulatorkapazität die notwendigsten Ver-

L-39 mit Bewaffnung

Für den Notfall bestimmt – automatisch ausfahrende Notstromturbine der L-39

Schul- und Übungsflugzeug
L-39ZO «Albatros»

Schul- und Übungsflugzeug
L-39ZO «Albatros»

Große Wartungsluken ermöglichen einen guten Zugang zur Ausrüstung

braucher mit elektrischem Strom. Damit wird die Sicherheit für die Besatzung in Notsituationen erhöht.

Im Rumpfhinterteil ist das Triebwerk untergebracht. Dieser Rumpfteil bildet zusammen mit dem Höhen- und dem Seitenleitwerk eine Baugruppe. Rumpfhinter- und -vorderteil sind nach dem Lösen weniger Kabel- und Gestängeverbindungen leicht zu trennen. Das ist für Arbeiten am Triebwerk ebenso günstig wie für den Triebwerkwechsel.

Der aus einem Stück gefertigte, durchgehende, minimal gepfeilte Tragflügel (in t/4 1°45′) ist zweiholmig. Seine Behäutung trägt dazu bei, die Steifheit und Festigkeit der Konstruktion zu erhöhen. Doppelspalt-Landeklappen, Querruder mit Trimmklappen sowie im Rumpfbereich unter den Tragflügeln befindliche Bremsklappen (sie fahren beim Erreichen der kritischen Mach-Zahl, z. B. im Sturzflug, automatisch aus) sind weitere Details des Tragwerkes. Die an den Tragflügelenden fest installierten Kraftstoffbehälter haben ein Fassungsvermögen von je 100 l. In den Tragflügeln ist auch das Hauptfahrwerk – im eingezogenen Zustand – untergebracht. Es wird hydraulisch aus- und eingefahren. Im Notfall kann es mittels Hydrauliknotanlage betätigt werden. Alle drei Fahrwerkbeine sind einfach bereift. Schwingen, hydraulische Scheibenbremsen mit Blockierschutz sowie automatische Abbremsung der Räder beim Einfahren sind weitere Merkmale des Fahrwerkes, das Start und Landung auf unbefestigten Plätzen erlaubt.

Zum Quer-, Seiten- und Höhenruder werden die Steuerkräfte über Gestänge übertragen, während die Trimmruder von Elektromotoren betätigt und die Lande- sowie Bremsklappen hydraulisch verstellt werden. Das Zweistromtriebwerk AI-25TL kann mit der eingebauten Hilfsturbine Saphir-5 angelassen werden, ist also weitgehend von Bodeneinrichtungen unabhängig. Der gesamte Anlaßvorgang wird elektronisch gesteuert. Die Förderung des Kraftstoffs aus den Tragflügelend- und Zusatzbehältern besorgt eine Kreiselpumpe mittels Druckluft. Zum Bekämpfen eventuell auftretender Brände ist eine automatisch arbeitende Feuerlöschanlage eingebaut. An der gesamten Zelle sind ausreichend dimensionierte Klappen vorhanden, die die Wartungsarbeiten erleichtern.

Zur Verständigung mit Bodenstellen oder mit anderen Flugzeugen dient die UKW-Funkstation R-832M. Untereinander stehen die Besatzungsmitglieder über eine Bordsprechanlage SPU-9 in Verbindung.

Alle Navigationsaufgaben während des Fluges und bei der Landung werden mit Hilfe der funktechnischen Apparatur RSBN-5S gelöst. Die Besatzung ist damit beispielsweise in der Lage, jederzeit die Entfernung und den Kurs zum eigenen Platz abzulesen.

Grundlegende Funknavigationsaufgaben lassen sich mit dem Funkkompaß RKL-41 lösen. Er erlaubt eine automatische oder die Hörpeilung im Frequenzbereich von 150 bis 1800 kHz.

Der Funkhöhenmesser RW-5 gibt laufend die wirkliche Höhe über Grund an und warnt die Besatzung, falls die vorher eingestellte Sicherheitshöhe unterschritten wird. Der Markierungsfunkempfänger MRP-56P/S signalisiert optisch und akustisch das Überfliegen des Fern- bzw. des Nahfunkfeuers auf dem Gleitpfad zum Flugplatz. Das Kennungsgerät antwortet automatisch auf ein gewähltes Codesignal, das von Bodenstationen oder von anderen Flugzeugen abgestrahlt wird.

Für die Ausbildung im Waffeneinsatz bzw. für das Lösen von Gefechtsaufgaben ist die L-39 (außer L-39V) mit einem einfachen Kreiselvisier ASP-3-NMU-39 ausgestattet. Die

Ergebnisse werden mit Hilfe der Schußkamera FKP-2-2 festgehalten. Die Zielgeräte sowie die Waffenanlagen werden elektrisch betätigt.

Die Entwicklung der L-39 reicht bis in das Jahr 1963 zurück, als im Rahmen des RGW begonnen wurde, die Anforderungen an einen Strahltrainer der nächsten Generation zu formulieren. Zunächst beabsichtigten der damit beauftragte AERO-Hauptkonstrukteur Jan Vlček sowie der Produktionsleiter Karel Dlouhy, die erfolgreiche L-29 zur leistungsfähigeren und moderneren L-129 weiterzuentwickeln. Schließlich entschied man sich jedoch für einen universellen Trainer, von dem 1964 ein erstes Modell entstand. Ende 1965 war das Modell Nr. 3 im Maßstab 1:5 verfügbar. Es diente als Grundlage für Windkanaltests, woraus sich Verbesserungen an den Tragflügeln und Lufteinläufen ergaben. Im Maßstab 1:1 gefertigte Attrappen für das Cockpit (Sichtverhältnisse, Lage der Geräte), den Rumpfvorderteil sowie schließlich des kompletten Flugzeuges waren 1967 für die staatliche Kommission die Grundlage für die Bewertung sowie für die Genehmigung des Entwicklungsprogramms, das in enger Zusammenarbeit mit sowjetischen Fachleuten realisiert worden ist.

Zwischenzeitlich war entschieden worden, daß die L-39 das von der Jak-40 bekannte Strahltriebwerk AI-25 erhalten sollte. Es wurde im Werk Motorlet in Jinovi für den neuen Einsatzzweck modifiziert. Gleichlaufend mit der Entwicklung der L-39 gingen die Konstruktion eines neuen Katapultsitzes für diesen Typ, aber auch die Entwicklung des Bodenkatapulttiertrainers NKTL-29/39, des Flugsimulators TL-39 sowie der fahrbaren Kontrollanlage KL-39 vor sich.

Gesamtansicht des Strahltrainers L-39

Die eigentliche Erprobung des neuen Strahltrainers begann 1968. Während mit dem ersten Prototyp L-39X-01 Belastungsproben sowie Festigkeitsuntersuchungen am Boden unternommen wurden, diente der Prototyp X-02 für die Flugversuche. Erstmals startete damit AERO-Testpilot Rudolf Duchon am 4. November 1968 vom Flugplatz des Werkes AERO-Vodochody nördlich von Prag zu einem Flug, der 35 Minuten dauerte. Einen Monat später nahm auch die X-03 die Flugerprobung auf. Damit wurden einige aerodynamische Probleme an den Lufteinläufen sowie den Rumpf-Tragflügel-Übergängen geklärt.

Ein Teil des Testprogramms der X-03 war die Erprobung des Rettungssystems einschließlich des neuen Katapultsitzes. Im Juli 1971 wurde erstmals damit katapultiert. Später war die X-03 Bodenversuchsmodell zum Anbringen einer Kanone als Vorbereitung der Variante L-39ZA.

Die X-04 diente ebenfalls ausschließlich Bodenversuchen, so von 1970 bis 1971 Materialermüdungsuntersuchungen. Die X-05 hatte schon vorher, am 23. September 1969, die Flugerprobung aufgenommen. Dabei ging es um Verbesserungen an den Lufteinläufen. Vor allem aber diente die X-05 ab 1. Februar 1971 für die militärischen Überprüfungen der Flugleistungen und -eigenschaften. Seit 1976 ist diese Maschine Exponat des Luftfahrtmuseums in Prag-Kbely. Als Anfang 1973 das ver-

Waffenbrüder diskutieren über die Vorzüge dieses und jenes Schulflugzeuges

besserte Triebwerk AI-25TL verfügbar war, baute man es in die X-06 ein (ab 28. April 1970 mit dem AI-25W in der Flugerprobung). Die X-06 diente außerdem zur Überprüfung des Kontrollsystems KL-39 sowie zu Schieß- und Abwurfversuchen.

Der siebente Prototyp wies alle Veränderungen auf, die sich aus den früheren Testflügen ergeben hatten: andere Übergänge vom Tragflügel zum Rumpf und zu den Tragflügelendbehältern, außerdem geänderte Quer-, Höhen- und Seitenruder. Damit hatten sich die Start- und Landeeigenschaften beim Mitführen von Außenlasten sowie bei Handlungen von unvorbereiteten Plätzen verbessert. Die X-07 startete am 15. Dezember 1970 zum Erstflug. Ab Mai 1973 unterzogen die sowjetischen Luftstreitkräfte als Hauptabnehmer den neuen Strahltrainer einer ausgiebigen Überprüfung unter härtesten Bedingungen. Sie endete mit der Empfehlung, die L-39 in die Ausbildungseinheiten aufzunehmen. Der Serienbau der L-39 konnte beginnen.

Alle späteren Prototypen waren Versuchsmuster für die Entwicklung der Versionen L-39V, L-39ZO und L-39ZA, die nach der Grundversion L-39C (jeweils eine Außenaufhängung je Tragflügel, maximale Außenlast insgesamt 500 kg) entwickelt worden sind. Für die mit jeweils zwei Außenaufhängungen versehenen Modifikationen L-39ZO (innere Träger für je 500 kg, äußere für je 250 kg) bzw. L-39ZA (Jagdbomberausführung; Außenlasten wie L-39ZO; zusätzlich unter dem Rumpf zweirohrige 23-mm-Kanone GSch-23 mit 150 Granaten im Rumpf unter dem hinteren Sitz) dienten die Prototypen X-09, X-10 und X-11 als Versuchsmuster, während die X-08 der Prototyp für die Schlepper-Ausführung L-39V war. Die Erprobung mit den Maschinen X-09 bis X-11 fand im Jahre 1977 durch die sowjetischen und tschechoslowakischen Luftstreitkräfte statt. Bekannt ist außerdem, daß mit dem Prototyp X-12 Langzeitermüdungsflüge unternommen worden sind, die neue Erkenntnisse für weitere Entwicklungen ermöglichen sollten. Als Weiterentwicklung der L-39-Reihe wurde Mitte der 80er Jahre das Projekt L-39MS mit dem Triebwerk DW-2 und einigen Neuerungen vorgestellt (Erstflug Prototyp: November 1986). Gearbeitet wird an einem neuen, als L-49 bezeichneten Strahltrainer.

90 Prozent der L-39-Produktion werden exportiert.

Schleppflugzeug L-39V «Albatros»

Ohne den scharfen Schuß ist die komplette Ausbildung von Jagdfliegern ebensowenig denkbar wie die der Bedienung von Fliegerabwehrwaffen. Da die früher üblichen, von Flugzeugen geschleppten Luftziele in Form von Stoffbahnen oder Luftsäcken unter den Bedingungen immer schnellerer, mit Kanonen ausgerüsteter Strahlflugzeuge nicht in allen Fällen effektiv genug waren, mußte man neben den herkömmlichen noch andere Luftziele schaffen. Das waren beispielsweise metallene Schleppkörper, wie sie in der ČSSR bis zum Beginn der 60er Jahre vorhanden waren. Zu diesen an kleine Lastensegler erinnernden Luftzielen zählten die Modelle C-02B (ohne Fahrwerk, Tragflügel abnehmbar) sowie L-03 (verbesserte Form, mit Fahrwerk), die von der in der ČSSR entwickelten MiG-15bisT (T – tschechisch für Schlepper) gezogen wurden. Die Treffer (jeweils andere Farbgebung an den Spitzen der Granaten in den einzelnen Waffen) waren nach Landung der Zielflugkörper besser zu erkennen als auf den Luftsäcken.

Mit dem Auslaufen der MiG-15-Ära sowie den Forderungen nach ökonomischen Schulflugzeugen, also dem Übergang zu den Strahltrainergenerationen L-29/39, mußten die Konstrukteure wiederum neue Luftziele sowie die dazugehörenden Schleppflugzeuge schaffen. Die von der MiG-15bisT mit ihrem kräftigen Strahltriebwerk (26,5 kN) bewältigten

Ein Schleppflugzeug L-39V wird betankt

Die Kabeltrommel im hinteren Sitz

Luftziele waren für die L-29 (8,7 kN) und für die L-39 (14,7 kN) zu schwer. Deshalb entwickelten die ČSSR-Fachleute ein spezielles Schleppflugzeug und ein dazugehörendes Schleppziel. Aus ökonomischen sowie aus Standardisierungsgründen griffen sie auf den Strahltrainer L-39 zurück, aus dem sie die einsitzige Schleppvariante L-39V ableiteten.

Mit der L-39 «Albatros», der Schleppvariante L-39V und dem Schleppziel KT-04, darüber hinaus mit dem Flugsimulator TL-39, dem Bodenkatapultiertrainer NKTL-29/39 sowie der in einem Kleinbus untergebrachten Kontrollanlage KL-39 war somit ein ganzes System zur Ausbildung von Militärfliegern verfügbar. Als Prototyp für die Schleppzielvariante diente das Flugzeug L-39X-08, dessen Flugerprobung Ende 1972 begann. Ab Juli 1973 lief die militärische Erprobung gemeinsam mit dem zu dieser Zeit bereits verfügbaren Schleppziel.

Schleppflugzeug
L-39V «Albatros»

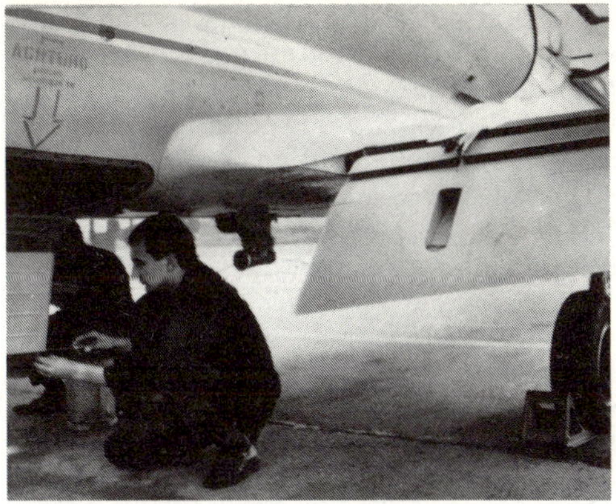

Details der Rumpfunterseite der L-39V

Hinten fehlt der Katapultsitz; unter dem Rumpf befindet sich die Staudruckturbine

In der Zieldarstellungseinheit der NVA nimmt die L-39 seit 1982 die Stelle der Il-28 ein. Gegenüber der dreisitzigen, wesentlich größeren und mit zwei Triebwerken WK-1 versehenen Il-28 (siehe «Flugzeuge und Hubschrauber der NVA von 1956 bis 1970») verringerte sich mit der einsitzigen und einstrahligen L-39 der Aufwand.

Äußerlich ist das Schleppflugzeug L-39V nicht nur durch seine weiß-orange Farbgebung von den silbern oder tarnfarben gespritzten Doppelsitzern L-39 zu unterscheiden. Vielmehr befindet sich in der hinteren Kabine der Schleppmaschinen kein Sitz. Somit war der notwendige Platz vorhanden, um die Schleppseiltrommel unterbringen zu können. Sie nimmt das 1700 m lange und 0,5 cm starke Stahlseil auf. Außerdem waren die Reguliereinrichtungen sowie die Seilbremse zu installieren, wofür teilweise auch der Rumpf dient. Unter dem Rumpf gibt es eine Verdickung, die eine kleine Staudruckturbine aufnimmt. Eine solche Staudruckturbine sowie analoge Einrichtungen – ebenfalls in der ČSSR entwickelt – gab es bereits bei der erwähnten MiG-15bisT.

Die wesentliche Aufgabe dieses Mini-Triebwerkes besteht darin, mit Hilfe eines Regelsystems von Übersetzungen und einer Bremse das Seil ab- oder aufspulen zu können. Da es durch den Staudruck der Luft betrieben wird, ist kein zusätzlicher Kraftstoff erforderlich. Eine Kappvorrichtung ermöglicht, in Notfällen oder bei Störungen der Turbine das Seil sicher zu trennen.

Nach Abschluß der Aufgabe über dem Schießplatz wird das Seil mit Hilfe der Turbine auf die Trommel gespult. Das Luftziel kommt so wieder näher an das Schleppflugzeug heran. In der vorderen Kabine befinden sich zusätzlich zur normalen Ausrüstung Bedienelemente und Kontrollapparaturen. Da die L-39V unbewaffnet ist, fehlt auch das Visier.

Verfolgt man das Starten und das Landen eines aus Schlepper und Schleppziel bestehenden Verbandes, so wird klar, daß der Flugzeugführer der L-39V über umfangreiche Erfahrungen verfügen muß, um hierbei alle Anforderungen zu meistern. Auf der Stichbahn ziehen Angehörige des ingenieurtechnischen Personals das Seil aus und verbinden Flugzeug und Schleppziel. Nach dem Rollen der L-39V auf die Start- und Landebahn wird das auf etwa 120 m herausgezogene Seil gespannt. Ist das eingeklinkte Ziel auf die Achse des Schleppflugzeuges ausgerichtet, so kann gestartet werden. Bei einer Geschwindigkeit von 210 km/h hebt die L-39V ab. Dabei liegt das KT-04 noch immer auf dem mit seinen drei kleinen Gummirädern über den Boden rollenden Fahrgestell.

Das Ziel löst sich erst vom Boden, wenn

Eine L-39V mit dem KT-04 auf dem Weg zum Start

das Schleppflugzeug eine Höhe von etwa 80 m erreicht hat. Jetzt trennt sich das Fahrwerk vom Flugkörper, rollt am Boden in Flugrichtung weiter und wird von dem sich öffnenden Bremsschirm gestoppt. Nach etwa 150 m bleibt das Fahrwerk stehen, wobei es höchstens 1,5 m von der Fahrtrichtung abkommt.

Der nun in der Luft befindliche Schleppverband fliegt noch nicht in gleicher Höhe. Der Zielkörper hängt etwa 60 m unter der L-39V und beginnt nach rechts sowie nach links zu schlingern. Erfahrene Schlepp-Piloten wissen: Das nur einen geringen aerodynamischen Widerstand besitzende KT-04 gerät sehr leicht ins Pendeln. Wird die Geschwindigkeit des Schleppflugzeuges durch Drosseln des Triebwerkes oder Betätigen der Bremsklappen vermindert, so versucht es, den Schlepper zu überholen. Ist das Seil nur 5 s lang nicht gespannt, so klinkt eine Automatik den Zielflugkörper aus. Vom Flugzeugführer wird also ununterbrochen höchste Konzentration verlangt.

Äußerst präzise Sicherheitsbestimmungen verhindern, daß von den auf das KT-04 feuernden Fla-Waffen oder Flugzeugen versehentlich das Schleppflugzeug getroffen wird.

Ist das Schießen auf das Luftziel beendet, so verkürzt der Pilot mit Hilfe der eingeschalteten Kleinturbine die Seillänge, geht auf 300 m Höhe und senkt die Geschwindigkeit auf etwa 300 km/h. So fliegt er den Flugplatz an, um das KT-04 in dessen Nähe auszuklinken. Dort wird es bereits von einem motorisierten Bergetrupp erwartet. Während das KT-04 am Fallschirm niedergeht, fährt der Flugzeugführer das Schleppseil völlig ein und landet.

Nach Notwendigkeit wechseln die Spezialisten beschädigte Teile am KT-04 aus. Flugzeug und Schleppziel samt Fahrwerk können dann für den nächsten Start vorbereitet werden.

Ein KT-04 kurz vor der Landung

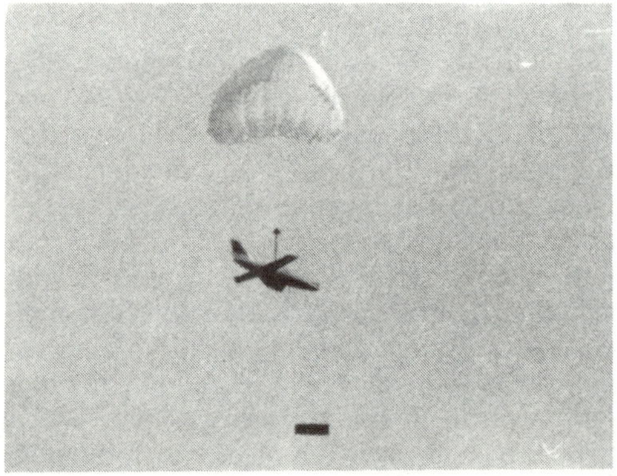

Luftziel KT-04

Das von der Flugzeugindustrie der ČSSR entwickelte, erprobte und produzierte Luftziel KT-04 ist ein Mini-Mitteldecker in Ganzmetallbauweise, dessen Tragflügel an den Enden nach unten gebogen sind. Der Flugkörper hat folgende Daten: Länge 4,9 m, Spannweite 5,3 m, Höhe 1,2 m, Tragflügelfläche 3 m^2, Masse 110 kg.

Luftziel KT-04 mit Gummipuffer

Mit dem geborgenen KT-04 abmarschbereit

Luftziel KT-04

Am Rumpf sind die austauschbaren Tragflügel mit zwei senkrechten Zapfen befestigt. Die nach unten geneigten Rundbögen der Tragflügel (beide Baugruppen sind miteinander verschraubt) sollen das Fluggerät bei der Landung vor Beschädigungen schützen. An den Tragflügelhinterkanten gibt es kleine Blechflächen, die zum Trimmen dienen. Vor dem Start werden sie in die entsprechende Stellung gebogen. Das gesamte, im Inneren durch einen starren Polyurethanschaum stabilisierte Gerät ist mit einer 6 mm starken Duraluminiumhaut überzogen.

Der zigarrenförmige Rumpf weist einen runden Querschnitt auf und ist als Schalenkonstruktion ausgelegt. Seine drei Hauptteile sind leicht zu trennen und nach Beschädigungen auszuwechseln. Im Vorderteil sind außer dem Schleppmechanismus ein gepackter Fallschirm, der Mechanismus zum Öffnen von Haupt- und Notfallschirm, der Akkumulator sowie die elektrischen Bedienelemente untergebracht. Im Mittelstück befinden sich der aufblasbare Behälter (er dämpft bei der Landung den Aufprall) und die Einhängevorrichtungen für das nach dem Start abzuwerfende Fahrgestell. In diesem Teil liegen auch die Druckluftflaschen sowie die übrigen pneumatischen Anlagen zum Aufblasen der Aufschlagbremse. Zusammen mit dem Fahrgestell erreicht das Schleppziel eine Masse von 230 kg.

Allgemein üblich ist eine Flughöhe der L-39V mit KT-04 im Bereich von 500 m bis 2500 m. Dabei darf die Geschwindigkeit bis zu 600 km/h betragen.

Neben anderen, älteren Luftzielen gehört auch ein KT-04 zu den Exponaten des tschechoslowakischen Luftfahrtmuseums in Prag-Kbely.

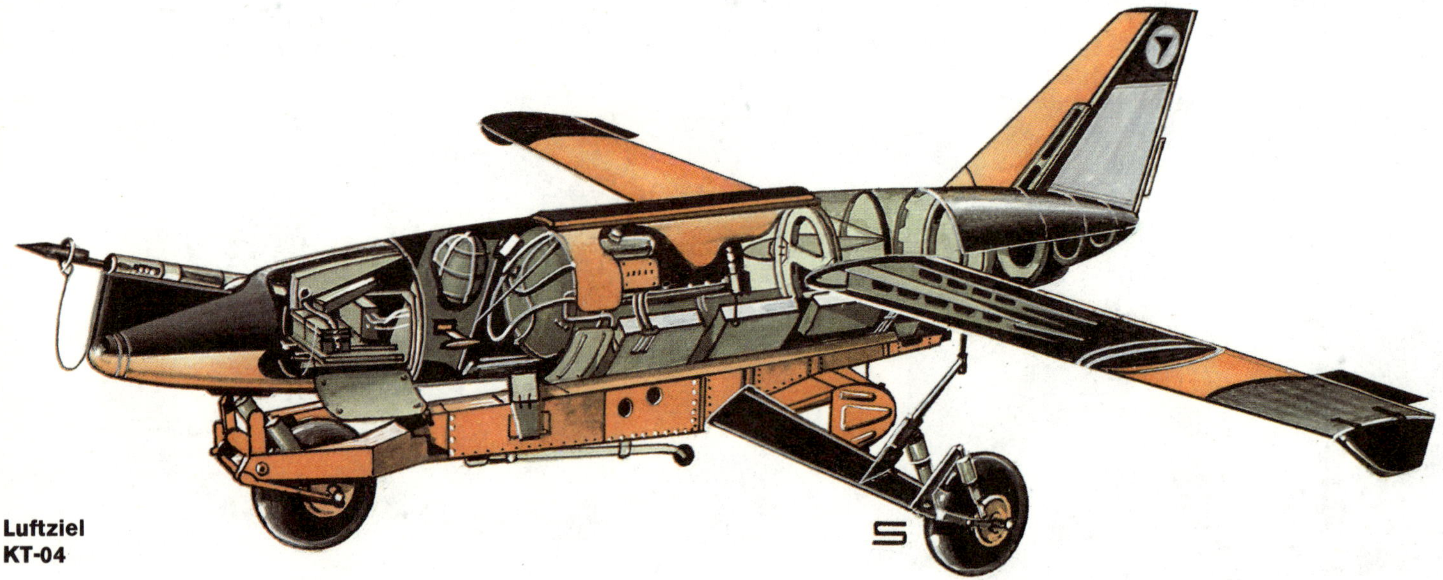

Luftziel KT-04

Kurier- und Verbindungsflugzeug Z-43

Die elegante viersitzige und einmotorige Z-43 gilt als das gegenwärtig kleinste Flugzeug der NVA. Zu Beginn der siebziger Jahre ersetzte der aus der ČSSR bezogene Tiefdecker in den Stäben der Verbände sowie in den Verbindungsfliegereinheiten der Luftstreitkräfte der NVA den Typ Jak-18A, der in den ersten Jahren als Schulflugzeug, später als Verbindungsmaschine geflogen worden war.

Die mit einer Doppelsteuerung versehene Z-43 dient hauptsächlich als Kurier- und Verbindungsflugzeug. So ist sie beispielsweise ein schnelles Transportmittel für die Fluginspekteure höherer Stäbe zu den Flieger- oder Hubschraubergeschwadern. Für den Personentransport können neben dem Flugzeugführer drei Personen über eine Entfernung bis 700 km befördert werden. Die gute Rundumsicht aus der Flugzeugkabine gewährleistet, daß die Z-43 über eigenem Territorium notfalls für Aufklärungsaufgaben verwendet werden kann.

Hinter den Sitzen befindet sich ein Raum zur Aufnahme von Handgepäck. Ein weiterer Gepäckraum (für 20 kg) ist von außen zugänglich.

Die GST benutzt die Z-43 seit 1974 als Mehrzweckflugzeug. Im Grunde genommen ist der Flugzeugtyp Z-43 keine Neuentwicklung. Vielmehr basiert er auf der Zlin Z-42, mit der die Z-43 etwa 80 Prozent aller Baugruppen gemeinsam hat.

Verbindungsflugzeug Z-43 in der Halle ...

... und im Freien

Die Z-42 wird seit 1971 bei der GST als Ausbildungsflugzeug verwendet.

Entstanden ist die Flugzeugreihe Z-42/43 nach Forderungen für moderne Schul-, Sport- und Reiseflugzeuge, die nach Auslaufen der «Trener»-Produktion in den Moravan-Flugzeugwerken in Otrokovice als neue Leichtflugzeugserie hergestellt werden sollten. Am 17. Oktober 1967 startete der Prototyp OK-41 zum Erstflug, und 1970/71 begann die Serienproduktion der Z-42, von der mehrere Versionen entstanden sind. Eine davon ist die Z-43, deren Prototyp OK-XKN ab 10. November 1968 (nach anderen Quellen ab 16. Dezember) im Flug erprobt wurde. Um Platz für vier Sitze zu schaffen (2 + 2 hintereinander angeordnet), hatte man den mittleren Rumpfteil verlängert. Die damit größere Flugmasse erfor-

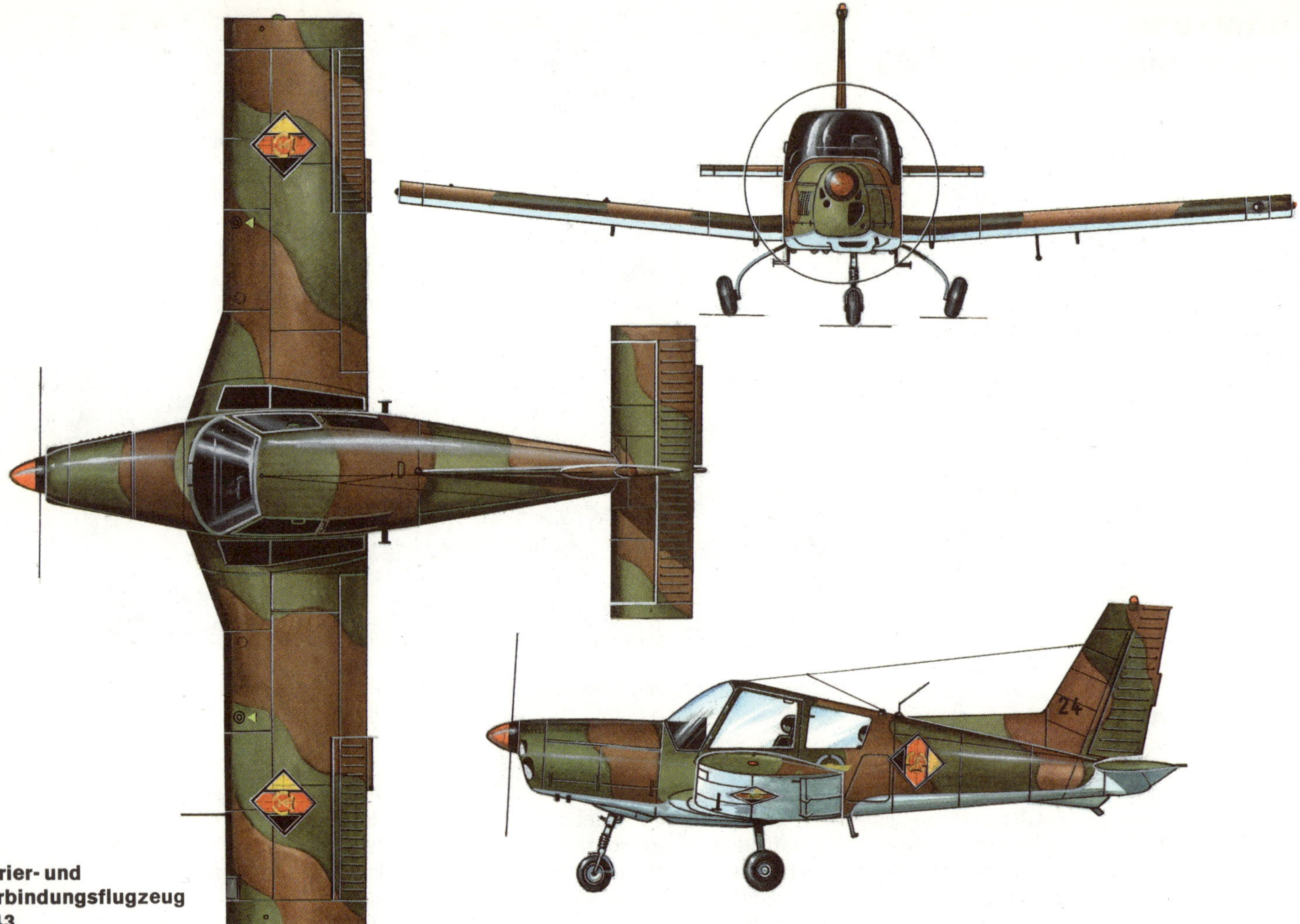

Kurier- und Verbindungsflugzeug Z-43

Produktionshalle der Z-43 bei Moravan

Das Armaturenbrett der Z-43

derte zugleich ein stärkeres Triebwerk, eine größere Tragflügelfläche sowie ein kräftigeres Fahrwerk.

Der Rumpf der Z-43 ist eine gemischte Konstruktion. Während für den vorderen Teil neben der Motorverkleidung aus Blech glasfaserverstärkte Laminate verwendet werden, stellt der mittlere Teil ein aus geschweißten Stahlrohren bestehendes Fachwerk mit GFK-Verkleidung dar. Das Heck ist eine Metall-Halbschalenkonstruktion. Die Tür auf jeder Seite läßt sich mit einem Notabwurf entfernen. Formteile aus Glasfaserlaminat befinden sich auch am Höhen- und am Seitenleitwerk. Die rechteckigen Tragflügel samt Querrudern und Klappen sind in Einholmbauweise aus Ganzmetall hergestellt. Das ebenfalls im wesentlichen aus Metall bestehende freitragende Leitwerk in Normalbauweise hat einen teilweisen Masse- und aerodynamischen Ausgleich. Das Bugrad des starren Fahrwerkes hat einen ölpneumatischen Stoßdämpfer und ist mit den Pedalen steuerbar. Die Hauptfahrwerkstreben bestehen aus Blattfeder-Paketen, die Haupträder haben Scheibenbremsen. In den ersten Serien bzw. für zivile Abnehmer haben die Räder Verkleidungen erhalten.

Als Antrieb dient der 6-Zylinder-Reihenmotor M 337A mit Ladekompressor und im Fluge verstellbarer Metall-Luftschraube V 500A. In den Tragflügeln befindet sich je Seite ein Hauptbehälter mit 65 l Kraftstoff. An den Tragflügelenden gibt es im Unterschied zur Z-42 je einen Zusatzbehälter mit 50 l, so daß die Gesamtkraftstoffmenge 230 l umfaßt. Die Z-43 ist im Alleinflug oder mit zwei Personen für den Kunstflug geeignet. Mit Passagieren auf den hinteren Sitzen ist er verboten.

Zur Ausrüstung der Z-43 zählen der automatische Funkkompaß, zwei Höhenmesser, Borduhr, Variometer, Wendezeiger, künstlicher Horizont, Richtungskreisel sowie UKW-Funkstation und Triebwerküberwachungsgeräte. Auf Wunsch kann die Z-43 zum Schleppen von Segelflugzeugen ausgerüstet werden. Die bei den Flugzeugführern sehr beliebte Z-43 wird auch in der ČSSR, in der BRD, in Polen und Ungarn als Schul- und Reiseflugzeug verwendet.

Ein Z-43-Prototyp ist 1974 zum Sanitätsflugzeug Z-43 umgerüstet, jedoch nicht in Serie gebaut worden. Seit 1980 wird die aus der Reihe Z-42/43 abgeleitete Z-142 in Serie hergestellt.

Mehrzweckflugzeug L-410UVP «Turbolet»

Seit 1981 verwenden die Luftstreitkräfte der NVA das tschechoslowakische Turboprop-Flugzeug L-410UVP in der Salonausführung als Passagier- und Verbindungsmaschine sowie in der Transportausführung (auch als L-410T bezeichnet) für das Absetzen von Fallschirmspringern oder für den Transport von Passagieren auf seitlichen Klappsitzen. Diese Ausführung kann auch als Sanitätsflugzeug verwendet werden. In der NVA dient sie außerdem als Ausbildungsmaschine für zukünftige Transportflieger sowie für Steuerleute von Transportflugzeugen.

Äußerlich unterscheidet sich die Transportversion von den Ausführungen als Passagier- oder Salonflugzeug (diese haben eine nach oben zu klappende Tür) nur durch ein großes, nach innen aufschiebbares Ladetor (1,25 m ×1,46 m), das gleichzeitig als Einstiegstür verwendet wird. In allen Ausführungen befindet sich die Türschwelle in einer Höhe von 0,79 m über Grund. Dadurch ist sie mit Hilfe der mitgeführten, einhängbaren Treppe leicht zu besteigen. Die Transportversion ist schnell für die vier Grundaufgaben (Beförderung von 15 Fluggästen oder 6 Verwundeten auf Tragen

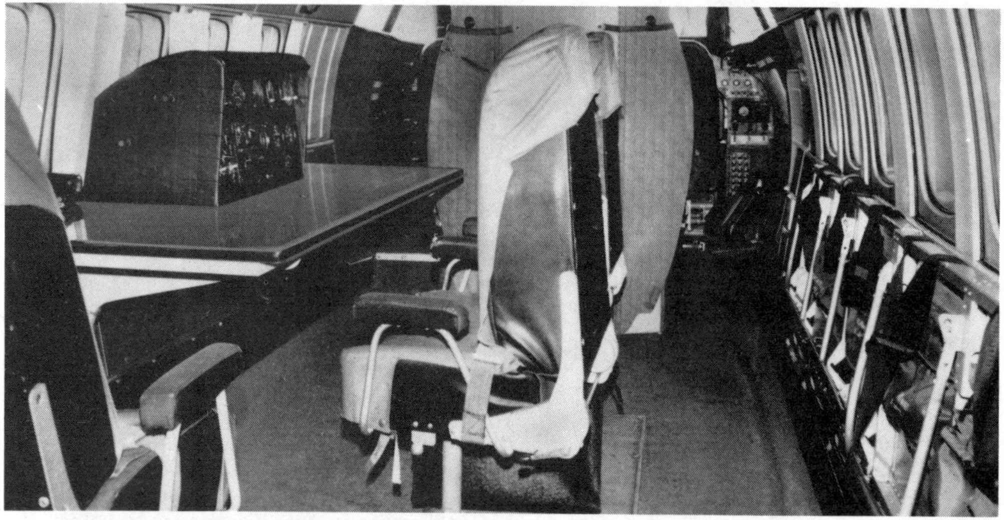

Ausstattung einer L-410UVP zur Ausbildung künftiger Steuerleute von Transportflugzeugen

In der Flugzeugführerkabine der L-410UVP

bzw. 5 sitzenden Patienten und 1 Sanitäter, Absetzen von 12 Fallschirmspringern und ein Absetzer bzw. 1000-kg-Lastcontainer) umzurüsten. Die Besatzung besteht dabei immer aus dem ersten und zweiten Flugzeugführer. Bei der mit einer komfortablen Passagierkabine mit acht Sitzen (unterschiedliche Ausstattung ist möglich) versehenen Salonversion ist die Besatzung um einen Steward erweitert. Prinzipiell ist es auch hier möglich, die Kabine für andere Aufgaben umzurüsten.

Hersteller der L-410 «Turbolet» ist das ČSSR-Nationalunternehmen LET in Uherske Hradiste-Kunovice. Dem am 16. April 1968 gestarteten Prototyp XL-410 sind in den Jahren darauf drei Vorserienmaschinen L-410, zwölf L-410A, fünf L-410AS für Erprobungen in der UdSSR, mehrere L-410AB und AG als modifizierte L-410A sowie das Fotoflugzeug L-410AF für Ungarn gefolgt – alle mit kanadischen Triebwerken PT6A-27 sowie unterschiedlichen ausländischen Luftschrauben. Ab 1973 lieferte das Werk die mit ČSSR-Triebwerken M 601A (je 515 kW) versehenen L-410AM aus, von denen die UdSSR 1977 50 bestellte. Einige Maschinen mit Triebwerken M 601B wurden als L-410MA und L-410MU ausgeliefert. Sie stellen Zwischenstufen zu der L-410UVP dar, die nach 1977 mit den in der UdSSR gesammelten Erfahrungen konstruiert, erprobt und ab 1979 in Serie gebaut wurde.

Die L-410UVP (UVP – russ. für Kurzstart- und Kurzlandeeigenschaft) erhielt einen um 0,80 m verlängerten Rumpf, eine größere Spannweite und damit eine größere Tragflügelfläche, ein vergrößertes Höhenleitwerk in V-Form sowie verbesserte Bordsysteme und Geräteausrüstungen. Die L-410UVP hat gegenüber den Vorgängerausführungen insgesamt bessere Start- und Landeeigenschaften sowie ein besseres Flugverhalten beim Flug mit einem Triebwerk oder beim Ausfall eines Triebwerkes in kritischen Fluglagen. Dazu tragen der Kompensationsinterzeptor und die automatische Einnahme der Segelstellung der Luftschraube bei.

Eine L-410UVP in der Transportversion

Die kürzeren Start- und Landestrecken erreichte man mit Hilfe der vergrößerten tragenden Fläche sowie der leistungsstärkeren Triebwerke Walter M 601B mit Wassereinspritzung. Neben der Schubumkehranlage können für kürzere Landestrecken die herabgesetzte Landegeschwindigkeit sowie der Landeinterzeptor (vor den Landeklappen) ausgenutzt werden. Die Tatsache, daß sich die L-410UVP selbst unter extremen Testbedingungen bewährte – so flog sie von frostigen Ebenen im sibirischen Jakutsk bei −50 °C ebenso wie in trockenen Gebieten Zentralasiens, in staubigen und heißen Steppengegenden sowie in steinigen Halbwüsten – sagt einiges über die Widerstandsfähigkeit und das Leistungsvermögen dieses Flugzeugtyps aus.

Den vielfältigen Aufgaben als Mehrzweckflugzeug – die INTERFLUG verwendet mehrere L-410UVP im Betriebsteil Fernerkundung (mit MKF 6), im Industrie- und Forschungsflug sowie im Salon-Service als Geschäftsreiseflugzeug – kommt das Vermögen der L-410UVP entgegen, auch von Rasenbahnen und unvorbereiteten Pisten aus sowie unter schwierigen klimatischen Bedingungen am Tage und in der Nacht eingesetzt werden zu können. Zur Ausrüstung zählen zwei automati-

Mehrzweckflugzeug
L-410UVP «Turbolet»

Mehrzweckflugzeug
L-410UVP «Turbolet»

sche Funkkompasse, zwei Funkstationen, ein Funkhöhenmesser, ein Instrumentenlandesystem und ein Flugdatenschreiber zum Speichern wichtiger Flugparameter sowie von Signalen und Ausfällen.

Der durchgehend aus einem Teil hergestellte Tragflügel des Hochdeckers ist aus Ganzmetall gefertigt und weist zwei Holme, hydraulisch betätigte Doppelspalt-Landeklappen und das Querruder auf, das nur links mit einem Trimmruder versehen ist. Kompensationsinterzeptoren verhindern, daß das Flugzeug bei einem plötzlichen Triebwerkausfall

Eine L-410UVP im Überflug

Die Tür der Transportausführung ist im Inneren zurückgeschoben

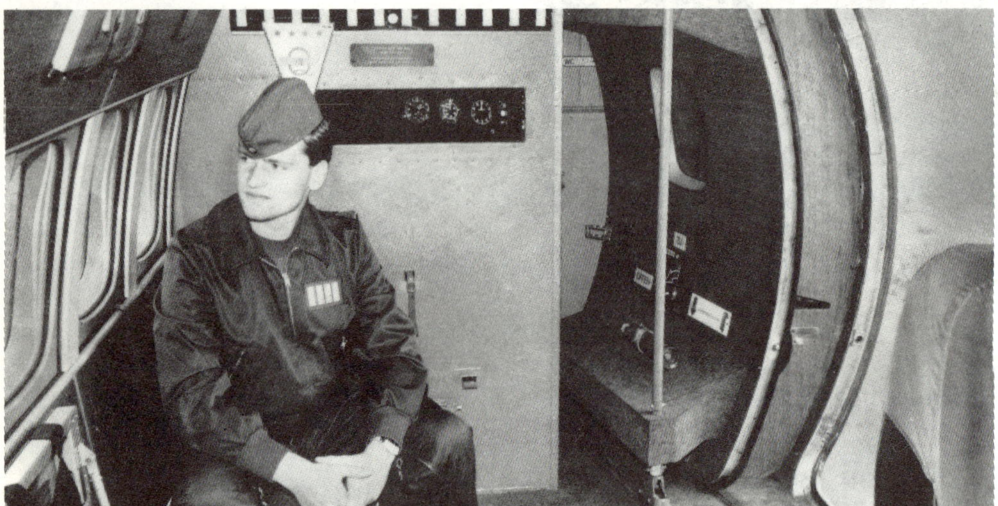

schiebt und eine gefährliche Fluglage einnimmt. In den sechs Gummi-Tragflügeltanks befinden sich 1000 kg Kraftstoff. Der Rumpf in Ganzmetall-Halbschalenbauweise hat im Bug einen von beiden Seiten zugänglichen Gepäckraum. Beheizt wird die Kabine mit Warmluft, die von den Verdichtern zugeführt wird. Im rechten Rumpfvorderteil befindet sich eine weitere Tür als Notausstieg. Im Heck sind ein zweiter Gepäckraum sowie eine Toilette untergebracht. Das Leitwerk in Normalbauweise mit nach oben versetztem Höhenleitwerk besitzt Trimmruder. Das an allen drei Beinen einfach bereifte, hydraulisch einfahrbare Bugradfahrwerk hat hydraulische Bremsen. Die Haupträder fahren in seitliche Rumpfwülste ein. Die Vorderkanten von Trag- und Leitwerk haben aufblasbare Enteisungsgummibeläge.

Aus der L-410UVP wurde 1984 die 19sitzige L-410UVPE abgeleitet (E – für ökonomisch), mit Triebwerken M 601E (je 560 kW), «gestutzten» 5-Blatt-Luftschrauben Avia V 510 von je 2,3 m Durchmesser (V 508B der L-410UVP: 2,5 m) sowie Tragflügelendtanks für je 200 l.

In Entwicklung befindet sich die 40sitzige L-610. Bis 1986 sind etwa 700 L-410 aller Versionen ausgeliefert worden. Die Luftstreitkräfte der ČSSR verwenden die L-410 in mehreren Versionen. Für die Umschulung oder Ausbildung von Flugzeugführern steht der Flugsimulator TL-410 zur Verfügung, der von Ingenieuren und Technikern des Flugzeugwerkes in Kunovice mit Unterstützung von Fachleuten des VEB ROBOTRON Dresden entwickelt worden ist.

Transportflugzeug An-26

Im Jahre 1980 löste der Schulterdecker An-26 in den Transportfliegerkräften der NVA den Tiefdecker Il-14 ab. Während die Il-14 ein auch für Frachtaufgaben zu verwendendes Flugzeug war, handelt es sich bei der An-26 um ein reines Transportflugzeug. Dadurch ergaben sich mehrere Vorteile, wozu das größere Einsatzspektrum, die Möglichkeiten für ein schnelleres und einfacheres Be- und Entladen ebenso zählen wie eine größere Nutzlast, höhere Fluggeschwindigkeit und günstigere Bedingungen für das Bord- und das Bodenpersonal. Im Verhältnis zur Il-14 läßt sich die An-26 in der Hälfte der Zeit be- oder entladen. Verbunden war die Übernahme dieses im Kraftstoffverbrauch wirtschaftlicheren, in der Wartung weniger aufwendigen und im Betrieb noch zuverlässigeren Flugzeugtyps natürlich mit höheren Anforderungen an die Flugzeugbesatzungen sowie an das ingenieurtechnische Personal.

Verwendet wird die An-26 zum Transport von 39 Soldaten mit Ausrüstung oder von 30 vollausgerüsteten Fallschirmjägern oder einer Nutzmasse bis zu 5500 kg. Kombinationen von Passagierbeförderungs- und Frachtaufgaben sind möglich. In kurzer Zeit läßt sich der Frachtraum zur Aufnahme von 24 Verwundeten auf Tragen umrüsten. Bei Notwendigkeit kann die An-26 auch in der Seenotrettung verwendet werden. Mit der maximalen Zuladung von 5500 kg beträgt die Reichweite 1000 km, mit dem maximalen Kraftstoffvorrat an Bord sind es 2000 km. Die An-26 wird in der NVA zum Abflug von Flugsicherungsanlagen (Instrumentenlandeanlagen, Funkmeßlandeanlagen, Nahnavigationssysteme) verwendet, wobei der Lastraum bis zu zwei Dritteln mit der Meßapparatur gefüllt ist. Die Leistungsfähigkeit der An-26 stellten die NVA-Transportflieger unter Beweis, als sie vom November 1984 bis November 1986 gemeinsam mit Il-18-Besatzungen der INTERFLUG in Äthiopien solidarische Hilfe leisteten.

Die An-26 ist keine Neukonstruktion. Vielmehr konnten etwa 80 Prozent aller Baugruppen des Vorläufermusters An-24RT übernommen werden. Dieses aus dem Passagierflugzeug An-24W hervorgegangene Muster hatte im Heck eine kleine Ladeluke sowie in der rechten Triebwerkgondel ein zusätzliches Hilfstriebwerk RU-19A mit einem Schub von 7,85 kN. Dieses zusätzliche Triebwerk ist auch in der An-26 vorhanden.

Ein Zug Fallschirmjäger besteigt eine An-26 über die absenkbare Hecklukenklappe

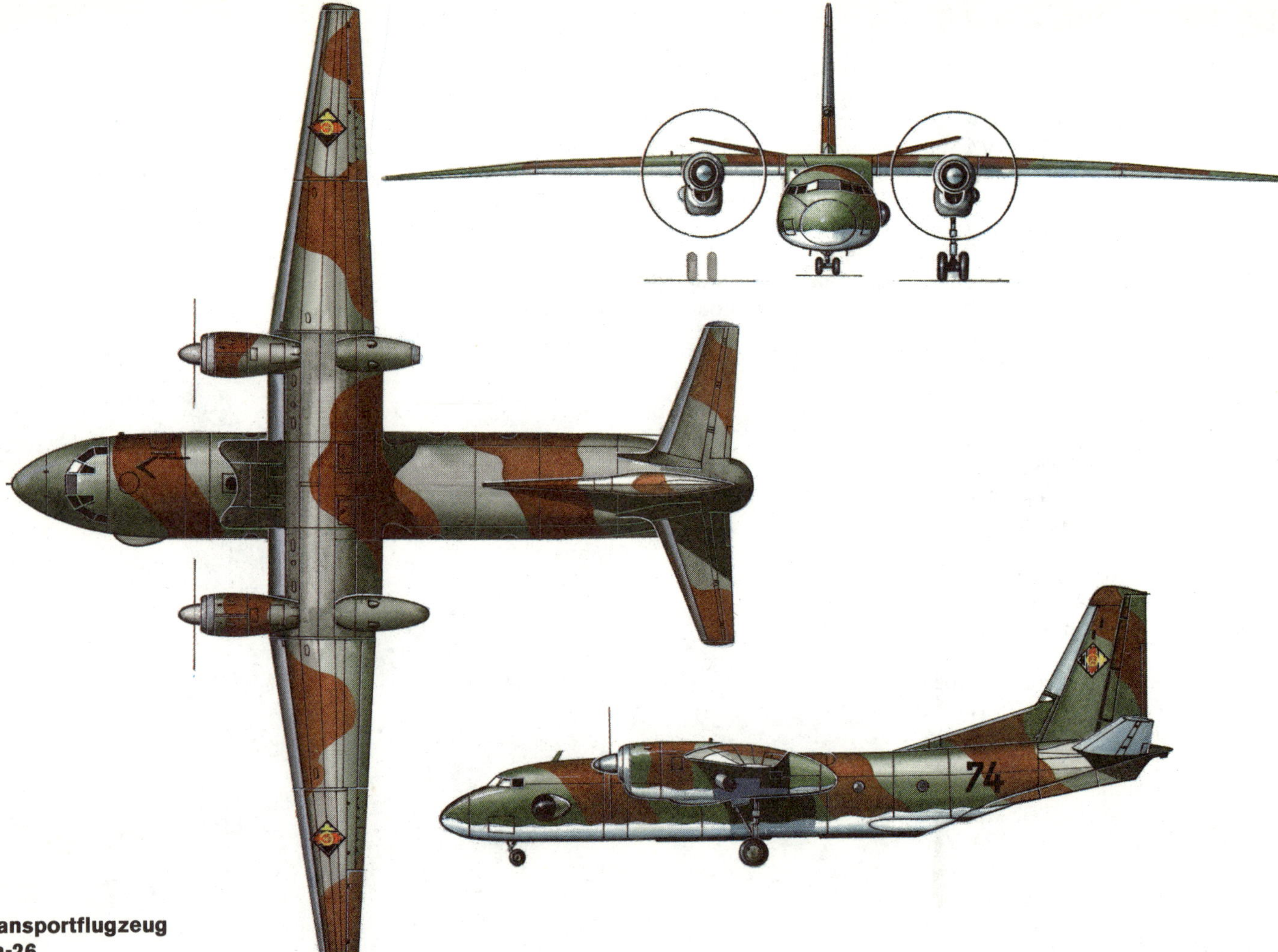

Transportflugzeug
An-26

Bei der im Jahre 1969 erstmals zum Pariser Luftfahrtsalon öffentlich vorgeführten An-26 hatten die Antonow-Konstrukteure das Rumpfheck völlig neu gestaltet. Zwischen den beiden Heckstabilisierungsflossen befindet sich nun in einer Höhe von nur 1,54 m über dem Boden eine als hydraulisch betätigte Auffahrrampe ausgebildete Heckluke mit den Ausmaßen 2,34 m × 3,30 m. Das ist eine sehr günstige Höhe zum Beladen des Flugzeuges aus Fahrzeugen oder zum Entladen aus dem Flugzeug auf Fahrzeuge. Hilfsmittel wie Rampen für die Il-14 entfallen. Damit die Fahrzeuge rückwärts unmittelbar bis an den Laderaum heran können, läßt sich die Hecklukenklappe hydraulisch nach unten absenken und anschließend unter den Rumpf fahren, so daß sie nicht stört. Andererseits können Fahrzeuge oder Geschütze über die abgesenkte Lukenklappe in das Flugzeug rollen. Mit Hilfe einer Laufkatze lassen sich sperrige Gegenstände bis zu einer Masse von 1,5 t an Bord nehmen. Ein Transportband im Boden des Laderaumes oder das Spill bringt die Fracht bis zu dem Punkt im Flugzeug, wo sie verzurrt werden soll. Die Verzurrungspunkte im Boden sowie das Zubehör (Riemen, Seile, Netze) haben sich auch als sehr nützliche Ladeausrüstung erwiesen.

Die Fracht läßt sich so auf dem Boden der Frachtkabine verteilen, daß sie über dem vorgesehenen Abwurfraum mit der gewünschten

An-26 mit Aufhängevorrichtungen am Rumpf

Blick in den Laderaum einer An-26

Das Ladegeschirr der An-26

Zeitdifferenz aus der geöffneten Ladeluke an Fallschirmen automatisch abgesetzt werden kann. Dabei läßt sich die Lukenklappe wieder unter den Rumpf schieben. Fallschirmspringer besteigen und verlassen das Flugzeug ebenfalls über die Heckluke.

Ihren Platz im Flugzeug finden die Passagiere auf abklappbaren Metallsitzen beider Bordseiten. Mit Hilfe der automatischen Abwurfvorrichtung ist es möglich, beispielsweise in engen Tälern im Tiefstflug ohne Fallschirm Nachschub abzusetzen.

Die Besatzung besteht aus dem ersten (linke Seite) und dem zweiten Flugzeugführer (rechts), dem Steuermann (gleichzeitig mit dem zweiten Piloten teilt er sich in die Pflichten des nicht mehr vorhandenen Bordfunkers; sein Platz links hinter dem ersten Piloten ist außen an dem gewölbten Fenster für das Navigationsgerät erkennbar) und dem Bordtechniker.

Der hermetisierbare Rumpf des Flugzeuges ist eine Ganzmetall-Halbschalenkonstruktion. Im Bereich der Tragflügel befinden sich auf beiden Seiten am Unterrumpf zwei Aufhängepunkte für Bomben oder Abwurflasten. Das trapezförmige Ganzmetalltragwerk mit thermischer Enteisung hat Außenflügel mit negativer V-Stellung und Holmkästen in Integralbauweise zur Aufnahme von insgesamt 7000 l Kraftstoff. Die Triebwerkgondeln hängen unter den Tragflügeln und nehmen die Hauptfahrwerkbeine mit den Doppelrädern (ausgerüstet mit Scheibenbremsen) auf. Das doppeltbereifte, steuerbare Bugrad fährt in den Rumpf

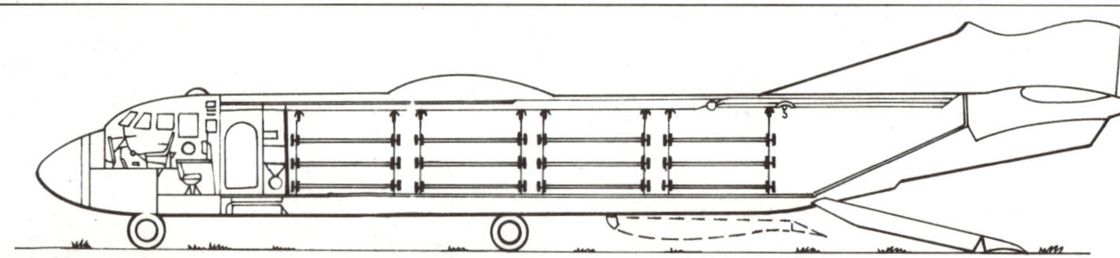

Ausrüstung des Frachtraumes einer An-26 zur Aufnahme von 24 Verwundeten auf Tragen

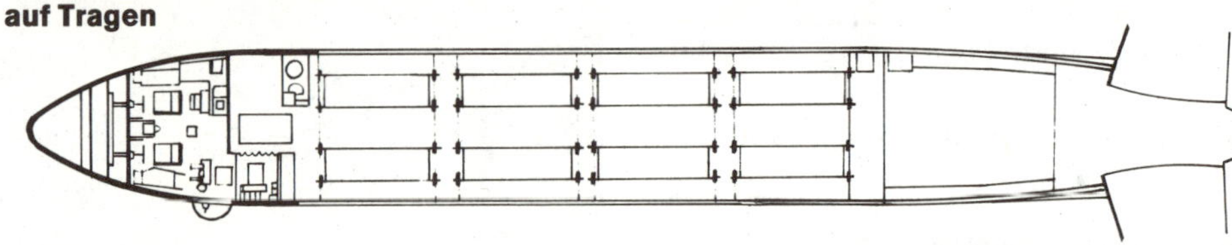

ein. Das in der rechten Gondel untergebrachte Hilfstriebwerk wird beim Start mit maximaler Zuladung benutzt, um den Steigflug mit der höchstzulässigen Startmasse bis zur Reiseflughöhe in heißen Gebieten zu sichern. Außerdem dient es zum Landen mit maximaler Masse, damit ein Durchstarten gewährleistet ist. Fehlen beispielsweise auf Feldflugplätzen die üblichen Außenbordenergiequellen – die An-26 kommt auch mit Rasenbahnen und anderen Start- sowie Landeplätzen mit geringer Bodenfestigkeit aus – so dient das Hilfstriebwerk als Energiequelle für die Ladevorrichtung oder zum Anlassen der Haupttriebwerke. Es liefert 10 Prozent der Antriebsleistung.

Die Luftschraubenblätter der beiden Turboprop-Triebwerke AI-24WT lassen sich bei der Landung auf einen negativen Einstellwinkel bringen, um die Wirkungsrichtung umzukehren, das Flugzeug abzubremsen und die Landerollstrecke zu verkürzen.

Die rechte Motorgondel der An-26 mit dem zusätzlichen Strahltriebwerk

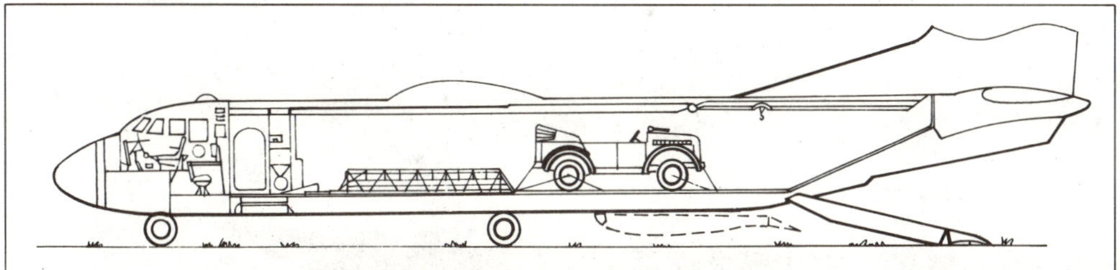

Transport von Lasten im Frachtraum einer An-26

Das freitragende Ganzmetall-Leitwerk in Normalbauweise hat eine Höhenflosse mit V-Stellung von 9°. Tragflügel, Heckleitwerk, Fahrwerk sowie weitere Baugruppen von Flugzeugen der Reihe An-24/26/30 sind austauschbar.

Das unter allen meteorologischen Bedingungen am Tage und in der Nacht verwendbare Flugzeug ist mit einer KW- und zwei UKW-Funkstationen versehen. Der gesamte Sprechfunkverkehr wird von einem Bordtonbandgerät aufgezeichnet. Der Flugdatenschreiber registriert wichtige Parameter des Fluges sowie der Triebwerke. Alle Instrumente und Anlagen sind doppelt, einige auch dreifach gesichert. Der Besatzung werden Ausfälle optisch und akustisch signalisiert. Auf Reserve- oder Notbetrieb wird automatisch umgeschaltet.

Zur Ausrüstung zählen die Bordfunkmeßstationen GROZA (ein Sichtgerät vor dem 1. Piloten, das zweite vor dem Steuermann; mehrere Arbeitsregime), der Autopilot sowie der Navigationskomplex (zwei automatische Funkkompasse ARK-15, Kurssystem GMK-1, Bordgeräte zum Benutzen von Drehfunkfeuern, Kommando-Navigationssteuersystem PRIWOD-ANÄ-1) und zwei Höhenmesser (barometrischer für Höhen über 750 m und Funkhöhenmesser RW-5 für den Bereich von 0 bis 750 m).

Für die Ausbildung und das Training der Besatzungen ist ein Simulator vorhanden.

Passagierflugzeug Tu-134

Im Jahre 1969 erhielt das heutige Transportfliegergeschwader «Arthur Pieck» der NVA die Tu-134 als Ablösemuster für die Tu-124. Die Tu-134 blieb bis zum 1. Dezember 1975 im Bestand der NVA. Sie wurde durch die weiterentwickelte Version Tu-134A und deren Modifikationen ersetzt.

Die Entwicklung der Tu-134 unter Leitung des Konstrukteurs B. F. Petrow geht auf eine Konzeption des Tupolew-Büros aus dem Jahre 1961 zurück, wonach mit diesem Flugzeug die Möglichkeiten der Tu-124 auf den Linien der AEROFLOT ergänzt werden sollten. Es ging also um kein Ablösemuster, sondern um einen Flugzeugtyp mit größerer Reichweite und höherer Reisegeschwindigkeit. Mit Hilfe des «reinen Tragflügels» sollte die Landegeschwindigkeit geringer werden, damit die Maschine auch mit kleineren Flughäfen auskommen konnte. Außerdem sollte durch den Einbau der Triebwerke D-30 aus dem Konstruktionsbüro P. A. Solowjew ein geringerer Kraftstoffverbrauch erreicht werden.

Erste Informationen über den neuen, zunächst als Tu-124A bezeichneten Typ gelangten im Jahre 1964 in die Fachpresse. A. A. Archangelski, der Stellvertreter des Generalkonstrukteurs A. N. Tupolew, gab damals bekannt, der neue Flugzeugtyp werde in zwei Versionen – für 64 und für 72 Passagiere – gebaut. Zu dieser Zeit wurden die beiden Prototypen Tu-124A unter den Kennungen CCCP-45075 und CCCP-45076 bereits getestet. Seit Herbst 1963 erprobten Testpilot A. D. Kalina – er flog auch die Tu-104 und die Tu-124 ein – sowie der leitende Versuchsingenieur W. A. Rewjakin mit einer Gruppe von Spezialisten die Maschinen in der Luft. Bei den Prototypen waren allerdings noch je zwei Triebwerke DP-20P eingebaut, wie sie für die Tu-124 verwendet wurden. Die fünf Vorserienmaschinen sowie die Serienflugzeuge erhielten Triebwerke vom Typ D-30. Mit der Nummer CCCP-65060 begann im Jahre 1965 der Serienbau. Am 9. September 1967 nahm die AEROFLOT den Linienbetrieb mit der Tu-134 auf.

Die Tu-134

Passagierflugzeug
Tu-134

Passagierflugzeug
Tu-134

Das Tupolew-Büro wendete die erprobten Bauweisen von Tu-104 und Tu-124 an, ging aber erstmalig bei einem Verkehrsflugzeug zu Hecktriebwerken über, um den sogenannten sauberen Tragflügel zu schaffen.

Außer der AEROFLOT übernahmen auch die Luftverkehrsgesellschaften Bulgariens, der DDR, der Mongolei sowie Polens die Tu-134. Sie ist ein Ganzmetall-Flugzeug mit einem Rumpf in Halbschalenbauweise und von kreisförmigem Querschnitt. Die Triebwerke sind links und rechts am Heck untergebracht. Charakteristisch sind der verglaste Bug mit dem Platz für den quer zur Flugrichtung sitzenden Navigator, die Radarwanne im Bug und der stufenlose Übergang vom Cockpit zum Rumpf. Während die Linienmaschinen mit 64 oder 72 Passagiersesseln ausgestattet sind (Nutzmasse der Tu-134: 7700 kg), flogen die Tu-134 der NVA mit unterschiedlichen Salonausstattungen und einer geringeren Anzahl an Sitzplätzen.

Der freitragende Tiefdecker hat Tragflügel mit zwei Holmen, thermischer Enteisung, starker Pfeilung und negativer V-Stellung. Das freitragende Leitwerk in T-Form weist ebenfalls eine thermische Enteisung auf. Das Bugfahrwerksbein mit den beiden Zwillingsrädern fährt in den Rumpf ein, die beiden Hauptfahrwerksbeine mit je vier Rädern in Wagenform finden in den stromlinienförmigen Gondeln im Tragflügelhinterteil Aufnahme. Sie sind für mehrere Tupolew-Konstruktionen typisch.

Die Besatzung der Tu-134 bestand aus dem ersten und dem zweiten Flugzeugführer, dem Navigator sowie dem Bordingenieur. Je nach Anzahl der Passagiere befanden sich zwei bis drei Stewardessen an Bord.

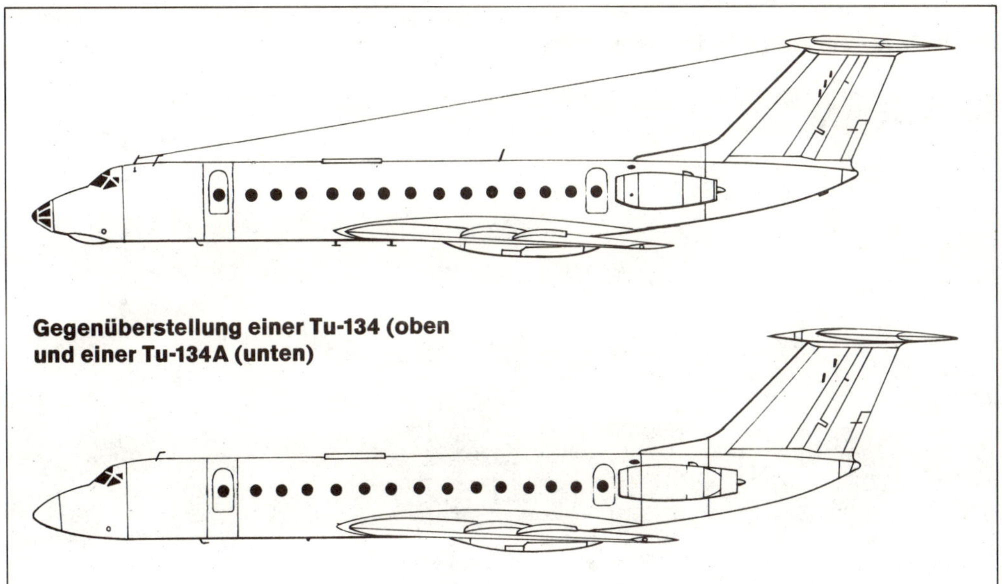

Gegenüberstellung einer Tu-134 (oben und einer Tu-134A (unten)

Passagierflugzeug Tu-134A

Ab 1971 wurde die Tu-134 des heutigen Transportfliegergeschwaders «Arthur Pieck» der NVA durch den verbesserten Typ Tu-134A ergänzt bzw. ersetzt. Ein Beispiel dafür, wie die Angehörigen dieses Truppenteiles sich darum bemühen, die ihnen anvertraute Technik so effektiv wie möglich zu nutzen, ist die Neuerung «Prüfstand für automatische Bordsteueranlagen Tu-134A». Diese von einem Jugendneuererkollektiv um Major Röder entwickelte Konstruktion ist zur 29. ZMMM in Leipzig im Herbst 1986 gezeigt worden.

Inzwischen ist die Serienfertigung der Tu-134A beendet. Insgesamt haben 650 Maschinen der Reihe Tu-134 das Werk in Charkow verlassen. Im Jahre 1985 waren noch 592 Flugzeuge dieses Typs im Einsatz. Bereits in den Jahren ihres Serienbaus haben nach sowjetischen Angaben Tu-134 in aller Welt über 325 Millionen Passagiere befördert.

Die Tu-134A nahm im Frühjahr 1970 die Flugerprobung auf den Linien der AEROFLOT auf, und noch im Herbst des gleichen Jahres begann der reguläre Liniendienst. Etwa zu dieser Zeit ist erstmals eine Tu-134A in Schönefeld vorgeführt worden. In den Jahren darauf übernahmen auch die Luftverkehrsgesellschaften Bulgariens, der ČSSR, der DDR, Jugoslawiens, Polens sowie mehrerer junger Nationalstaaten Flugzeuge dieses Typs. Bei der INTERFLUG wird die Tu-134A heute ebenfalls noch geflogen.

Vom prinzipiellen Grundaufbau her entspricht die Tu-134A dem Vorgängertyp Tu-134, jedoch ist der Rumpf im Vorderteil um 2,10 m verlängert worden. Dadurch ließ sich die Sitzplatzkapazität auf 76 Plätze erhöhen. Statt der beiden je 66,68 kN Startschub liefernden Triebwerke D-30 wurden im Heck zwei Zweistrom-Strahltriebwerke D-30 der 2. Serie (Solowjew D-30-II) installiert. Sie weisen als Neuerung eine Schubumkehranlage in Form von zwei schließbaren Innenklappen und Umlenkgittern auf. Damit verkürzte sich die Ausrollstrecke um 300 bis 400 m. Eine weitere Verbesserung gegenüber der Tu-134 bildet eine Hilfsenergiequelle in Form eines Turboaggregates TA-8 im Heck des Flugzeuges. Damit wurde man bei der Abfertigung und Flugvorbereitung (Anlassen der Triebwerke, Wartung der Ausrüstung) von Außenbordstromquellen ebenso unabhängig wie von Vorwärmwagen zum Beheizen der Kabinen. Das Turboaggregat läßt sich mit Hilfe des Bordakkumulators starten und gewährleistet die Stromversorgung für die Wartung und Ausrüstung, die Druckluft zum Anlassen der Triebwerke und die Klimatisierung der Kabinen unabhängig vom Bodendienst. Während des Fluges kann das TA-8 als Notstromaggregat dienen.

Mit dem Wegfall des elektrischen Triebwerkanlaßsystems haben sich die Energieversorgung des Flugzeuges vereinfacht und die Betriebssicherheit erhöht. Verbessert wurde auch die Funk- und Funknavigationsausrüstung. So erhielt die Tu-134A einen neuen

Die Tu-134A – ein Foto aus dem Jahre 1988

Die Tu-134A ist an der Schubumkehrvorrichtung der Triebwerke zu erkennen

Funkkompaß, einen neuen Funkhöhenmesser, einen neuen Funkentfernungsmesser für DME-Baken, ein neues KW-Funkgerät sowie zwei neue UKW-Funkstationen. Die dem damaligen Welthöchststand entsprechenden Geräte zeichnen sich durch eine hohe Betriebssicherheit sowie großen Bedienungskomfort aus. Die Ausrüstung der Tu-134A gestattet Landungen bis zum Wetterminimum nach der Kategorie I der ICAO. Um die Manövrierfähigkeit der nun eine maximale Startmasse von 47 t und ab 1977 49 t erreichenden Maschine beim Rollen zu verbessern, wurde die Bugradlenkung verändert. Sie läßt einen Radeinschlag von ±55° zu und verringert den Wendekreisdurchmesser auf 40 m.

Mit einer maximalen Nutzmasse von 8,5 t fliegt die Tu-134A der ersten Ausführung 2000 km weit, mit vollem Kraftstoffvorrat (16 000 bis 18 000 l) sind es 3000 km.

Auf Wunsch des Bestellers wurde die Tu-134A in einer Variante mit verbesserter Bordradaranlage (Version der Bordradaranlage von Il-62M/Tu-154) geliefert. Bei dieser von der NVA seit 1978 genutzten Variante befindet sich die Radarhaube an der Stelle der früheren Bugverglasung, und die Radarwanne unter dem Bug entfällt. Der Navigator erhielt seinen Arbeitsplatz im Cockpit hinter dem 2. Piloten. Die Variante Tu-134B mit zentralem Steuerpult wird ohne Navigator geflogen. Seit 1978 wurden Flugzeuge Tu-134A mit einem neuen automatischen Bordsteuersystem ABSU eingeführt. Mit dieser Anlage sind Landungen nach der ICAO-Kategorie II möglich.

Ab 1980 verwendet die AEROFLOT die als Tu-134B bezeichnete Ausführung, die bis zu 90 Passagiere an Bord nimmt. Im gleichen Jahr ist eine speziell für Aufgaben der Landwirtschaft entwickelte Tu-134SCh – beispielsweise mit zwei großen Zusatzbehältern unter den Tragflügelwurzeln – erprobt worden.

Nach Bauabschluß der Reihe Tu-134 hat das Flugzeugwerk Charkow die Serienproduktion der An-74 übernommen.

Jagdbombenflugzeug MiG-17F

Eines der rund 140 im Museum der sowjetischen Luftstreitkräfte in Monino bei Moskau ausgestellten Flugzeuge ist ein Jagdbomber MiG-15bis(ISch). Äußerlich unterscheidet sich die Maschine mit der Bordnummer 27 deutlich von den herkömmlichen MiG-15bis, weil unter beiden Tragflügeln neben den Kraftstoffzusatzbehältern in Höhe des äußeren Grenzschichtzaunes jeweils ein nicht demontierbarer Mehrfachträger weit nach vorn die Tragflügel überragt. An den drei Aufhängevorrichtungen jedes Trägers lassen sich Bomben oder Kassetten für je acht ungelenkte Raketen befestigen.

Über einen Truppendienst dieser Ausführung gibt es keine Informationen. Bekannt ist jedoch, daß die Luftstreitkräfte der UdSSR sowie anderer sozialistischer Länder die als Frontjagdflugzeug konzipierte MiG-15 sowie die Weiterentwicklungen MiG-15bis sowie MiG-17/MiG-17F in der Funktion als Jagdbomber zum Bekämpfen von Erdzielen verwendet und die Flugzeugführer für diese Aufgaben ausgebildet haben. Auch in der NVA gehörte es zum Ausbildungsprogramm der mit

Ein Jagdbomber MiG-17F; heute als Ausbildungsgerät an der Offiziershochschule der LSK/LV «Franz Mehring»

Ein Jagdbomber MiG-17F als Exponat des Armeemuseums der DDR in Dresden

den Tagjagdflugzeugen MiG-17 und MiG-17F ausgerüsteten Jagdfliegergeschwader, das Bekämpfen von Bodenzielen zu trainieren, um mit den Landstreitkräften gemeinsam handeln zu können.

Alle Maschinen der Reihe MiG-15/MiG-17F besaßen dazu die notwendige Bewaffnung und Visiereinrichtung. Vorn im Rumpf waren auf einer mittels Handkurbel schnell herabzulassenden Plattform rechts eine 37-mm-Kanone und links etwas versetzt zwei 23-mm-Kanonen samt den dazugehörenden 40 Granaten 37 mm und 2 × 80 Granaten 23 mm installiert. Die einzeln, zu zweit oder zu dritt zu betätigenden Waffen stellten eine sehr hohe Feuerkraft dar. Hinzu kam, daß statt der beiden Zusatzbehälter zwei Bomben oder zwei großkalibrige (190 bzw. 240 mm) ungelenkte Luft-Boden-Raketen mitgeführt werden konnten.

Um nicht auf die Zusatzbehälter zu verzichten, suchten die Konstrukteure nach Lösungen für die MiG-15 bzw. MiG-17, die als reine Jagdbomber verwendet werden sollten. Die MiG-15bis (ISch) ist dafür eine Variante. Möglicherweise wurde sie verworfen, weil der UdSSR mit der Su-7B ein leistungsfähigeres Flugzeug zur Verfügung stand. Die Luftstreitkräfte der ČSSR dagegen modifizierten ihre im Lande nach sowjetischen Lizenzen gebauten MiG-15 ab 1958 durch den Anbau von zwei zusätzlichen Aufhängepunkten links und rechts jedes Zusatzbehälters zu Jagdbombern MiG-15SB. Ab 1968 modifizierte man die MiG-15bis nach dem gleichen Schema zur MiG-15bisSB.

In der VR Polen gingen die Konstrukteure

Gegenüberstellung der Typen

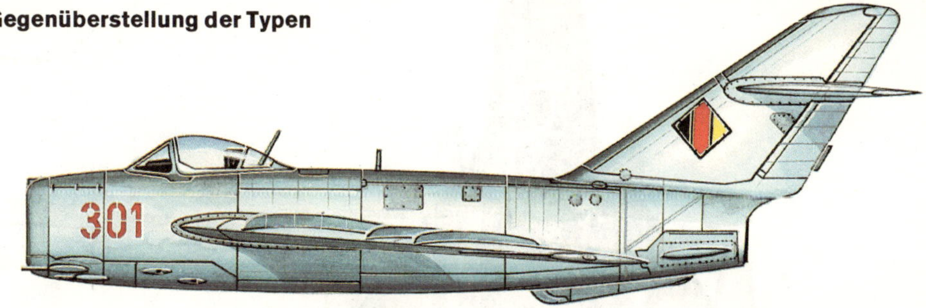

MiG-17

MiG-17F

und MiG-17PF

Jagdbombenflugzeug
MiG-17F

Eine MiG-17F als Jagdbomber im Truppeneinsatz – ein Foto aus dem Jahre 1977

Die abgesenkte Waffenlafette der MiG-17F

Die für die Jagdbomber-Ausführung der MiG-17F zusätzlich angebrachte Halterung für Kassetten mit ungelenkten Raketen

noch einen Schritt weiter, als sie aus der in Lizenz gefertigten MiG-17F (Lim-5) mehrere Jagdbomberversionen als Lim-5M, Lim-6 und Lim-6bis herstellten. Während man von der Lim-5M (Tragflügelmittelstück dicker und nach vorn gezogen, Hauptfahrwerksbeine doppelt bereift) 60 Maschinen baute, wurden die Typen Lim-6 und Lim-6bis in größeren Serien produziert. Hauptmerkmal dieser Modifikationen waren eine zusätzliche Aufhängevorrichtung je Tragflügel etwa in Höhe des inneren Grenzschichtzaunes sowie der Einbau eines Bremsschirmbehälters in der Wurzel des Seitenleitwerkes über dem Schubrohr. Da die MiG-17F wie die MiG-15/15bis über zwei 23-mm-Kanonen und eine Waffe vom Kaliber 37 mm verfügte, traf zu, was zur Feuerkraft der MiG-15 gegen Erdziele festgestellt wurde.

Alle in der UdSSR, in der ČSSR und in Polen gesammelten Erfahrungen konnten die Fachleute des Kommandos der LSK/LV der NVA auswerten, als es zu Beginn der 70er Jahre angesichts der militärpolitischen Lage in Europa erforderlich wurde, den Luftstreitkräften der NVA auf ökonomisch günstige Weise Jagdbombenflugzeuge zur Verfügung zu stellen. Zu diesem Zweck rüstete man 1973 in einer Werft der DDR einen Teil der durch die Übernahme von MiG-21 frei gewordenen MiG-17F um. Unter jedem Tragflügel wurde etwa in Höhe des inneren Grenzschichtzaunes eine Aufhängung für einen Behälter «Mars» mit je 16 ungelenkten 57-mm-Raketen S-5 (jede hat die Wirksamkeit einer gleichkalibrigen Granate) angebracht. Zum Schießen mit diesen Raketen rüstete man das Visier der MiG-17F um. Auf die Installation eines Bremsschirmes verzichtete man.

So stand neben den drei Kanonen mit insgesamt 200 Granaten der volle Kraftstoffvorrat zur Verfügung, während die Feuerkraft durch 32 Raketen des Kalibers 57 mm erhöht worden war. Waren die Jagdflugzeuge MiG-17F aluminiumfarben, so erhielten die Jagdbomber MiG-17F einen Flecken-Tarnanstrich. Die MiG-17F sind in dieser Rolle durch die MiG-23BN ersetzt worden. Eine als Jagdbombenflugzeug ausgerüstete MiG-17F ist auf der Freifläche des Armeemuseums der DDR in Dresden ausgestellt, einige weitere derartige Maschinen dienen an der Offiziershochschule der LSK/LV «Franz Mehring» in der Sektion Fliegeringenieurdienst zu Ausbildungszwekken.

Jagdflugzeug MiG-21M

Genaugenommen gehört diese Version des Allwetter-Abfangjagdflugzeuges MiG-21 in den Band «Flugzeuge und Hubschrauber der NVA von 1956 bis 1970», da sie bereits in den Jahren 1968/69 von den Jagdfliegerkräften der DDR übernommen worden ist. Weil es sich jedoch im Gegensatz zu den in jenem Band beschriebenen Ausführungen MiG-21F-13, MiG-21PFM und MiG-21SPS bzw. SPS-K um eine Version der dritten MiG-21-Generation handelt, deren Weiterentwicklungen MiG-21MF und MiG-21bis in den 70er Jahren von der NVA eingeführt worden sind, wurde sie in den vorliegenden Band aufgenommen.

Äußerlich unterscheidet sich die aus der Reihe MiG-21S/SM hervorgegangene MiG-21M von den früheren MiG-21-Ausführungen der Luftstreitkräfte der NVA ganz deutlich. Unter dem Rumpf befindet sich eine fest eingebaute zweirohrige 23-mm-Kanone GSch-23 mit einem Kampfsatz von 200 Granaten. Unter jedem Tragflügel gibt es zwei Aufhängungen, an denen außen wie unter dem Rumpf je ein 490-l-Zusatzbehälter mit Kraftstoff befestigt werden kann. Ab MiG-21M sind alle Maschinen serienmäßig dafür vorbereitet, unter dem Rumpf statt des 490-l-Behälters einen mit 800 l mitzuführen. An den Tragflügelaufhängungen können gelenkte Luft-Luft-Raketen, 250- oder 500-kg-Bomben oder Container mit ungelenkten 57-mm-Raketen S-5 verschiedener Modifikationen mitgeführt werden (je zwei Behälter UB-32 und UB-16).

MiG-21M mit drei zusätzlichen Kraftstoffbehältern

Zu erkennen ist die MiG-21M auch daran, daß sie ein gebogenes und nach rechts auf dem Rumpf versetztes Staurohr mit kleinen Flügeln aufweist. Diese Flügel zeigen an, daß sich das Gerät DUAS (Geber für Schiebe- und Anstellwinkel des optischen Kreiselvisiers) im Flugzeug befindet. Weitere äußere Merkmale der MiG-21M sind der DUA auf der linken Bugseite sowie ein breiterer Rumpfrücken. DUA ist die Abkürzung für Anstellwinkelgeber. Er stellt einen kleinen, beweglichen Flügel dar und war für den neuen zweikanaligen Autopiloten AP-155 notwendig geworden, den man in die MiG-21M eingebaut hat.

Von der MiG-21M sind mehrere Serien mit geringen Unterschieden in der Ausrüstung produziert worden. So haben die Jagdfliegerkräfte der NVA Flugzeuge aus der 32. Serie mit dem Triebwerk 37 F2S erhalten, während andere Maschinen mit dem Triebwerk 37 F2SK versehen sind. Zum Teil sind die MiG-21M der

MiG-21M mit ausgefahrenem Bremsschirm

Jagdflugzeug
MiG-21M

NVA später auf das Triebwerk der MiG-21MF umgerüstet worden. Nachträglich haben die MiG-21M ebenso wie die Maschinen früherer Ausführungen (außer der MiG-21F-13) die ab MiG-21MF standardmäßig vorhandenen kleinen Bleche unter den Startklappen im Rumpf erhalten. Diese Schmutzabweiser sollen verhindern, daß beim Rollen Fremdkörper durch die Startklappen in das Triebwerk gelangen.

MiG-21M beim Start

Eine MiG-21M wird gewartet

Von außen kaum zu erkennen ist, daß das Fahrwerk der MiG-21M verstärkt wurde, da die Maschine schwerer geworden war. Sie stellte die bis dahin schwerste MiG-21-Version dar.

Ähnlich wie das bei der MiG-21F-13 zum Teil geschah, hat man einige MiG-21M zur Aufnahme der Luftbildkamera AFA-39 umgerüstet. Wie alle MiG-21 seit der Version PFM, so ist die MiG-21M ebenfalls mit einer Datenübertragungsanlage zur automatisierten Übermittlung von Kommandos wie Kurs, Höhe und Geschwindigkeit ohne Sprechfunkverkehr ausgerüstet. Auch das seit der MiG-21SPS übliche System SPS zur Verkürzung der Landestrecke ist vorhanden, ebenso der Bremsschirm im Heck sowie die Vorrichtung zum Anbau von Starthilfsraketen rechts und links des Rumpfes.

Mit der MiG-21M erhielten die Jagdfliegerkräfte der NVA zugleich den neuen Flugsimulator KTS-4. Für die früheren MiG-21-Versionen ist der Simulator TL-8 verfügbar.

Jagdflugzeug MiG-21MF

Während alle bis zum Beginn der 70er Jahre von den Jagdfliegerkräften der NVA übernommenen Flugzeuge aluminiumfarben waren, hatten die ab 1972/73 gelieferten MiG-21MF als neueste Ausführung der MiG-21-Reihe meistens einen Tarnanstrich. Im Soldatenjargon wurde daher die Versionsbezeichnung MF schnell als «Mit Farbe» gedeutet. Äußerlich ist die MiG-21MF kaum von der MiG-21M zu unterscheiden. Charakteristisch ist lediglich ein Rückspiegel auf dem Kabinendach, den die MiG-21M nicht hat (teilweise bei MiG-21PFM und M nachgerüstet).

Während der konstruktive Aufbau, die Bewaffnung sowie die Ausrüstung weitgehend mit der MiG-21M identisch sind, erhielt die MiG-21MF ein leistungsstärkeres Triebwerk. Seine Besonderheit besteht darin, daß sich beim Überschreiten der Geschwindigkeitsgrenze von 1,5 Mach automatisch eine zweite Nachbrennerstufe einschaltet.

Ebenfalls von außen nicht zu erkennen ist, daß die Konstrukteure für die MiG-21MF eine Reihe neuer Werkstoffe anwendeten. So ersetzten sie mehrere aus Stahl bzw. Edelstahllegierungen bestehende Baugruppen durch solche aus Titanverbindungen, wodurch man Masse einsparte.

Dem Flugzeugführer werden bessere Möglichkeiten für den Luftkampf geboten, weil man am Steuerknüppel zwei Kampfknöpfe anbrachte, die durch eine Schutzkappe gesichert sind. Damit kann der Flugzeugführer das Feuer aus der zweirohrigen Kanone sowie mit den gelenkten Raketen günstiger kombinieren.

In der NVA sind zwei Ausführungen der MiG-21MF vorhanden. Die eine Ausführung hat die standardmäßige Ausrüstung, während die im Flugzeugwerk Gorki produzierten Maschinen zum Teil mit der Kabinenausrüstung der MiG-21bis versehen sind. Da die letztgenannte Version 1975 eingeführt wurde, wird sie auch als MiG-21MF-75 bezeichnet.

Wartungsarbeiten an einer MiG-21MF

Der in die MiG-21M eingebaute zweikanalige Autopilot AP-155 ist auch in der MiG-21MF vorhanden. Wie die MiG-21M ist auch die MiG-21MF ebenso wie die noch folgenden Ausführungen mit dem Gerät SARPP-12 ausgerüstet. Es dient der objektiven Kontrolle der Handlungen des Flugzeugführers und hält zwölf Parameter (darunter Höhe, Geschwindigkeit, TW-Leistungsstufen, Lastvielfaches n_x und n_y, Flossenruderausschlag, Zeit, Drücke, einmalige Kommandos) automatisch auf einem Film fest. Nach jedem Flug wird dieser Film ausge-

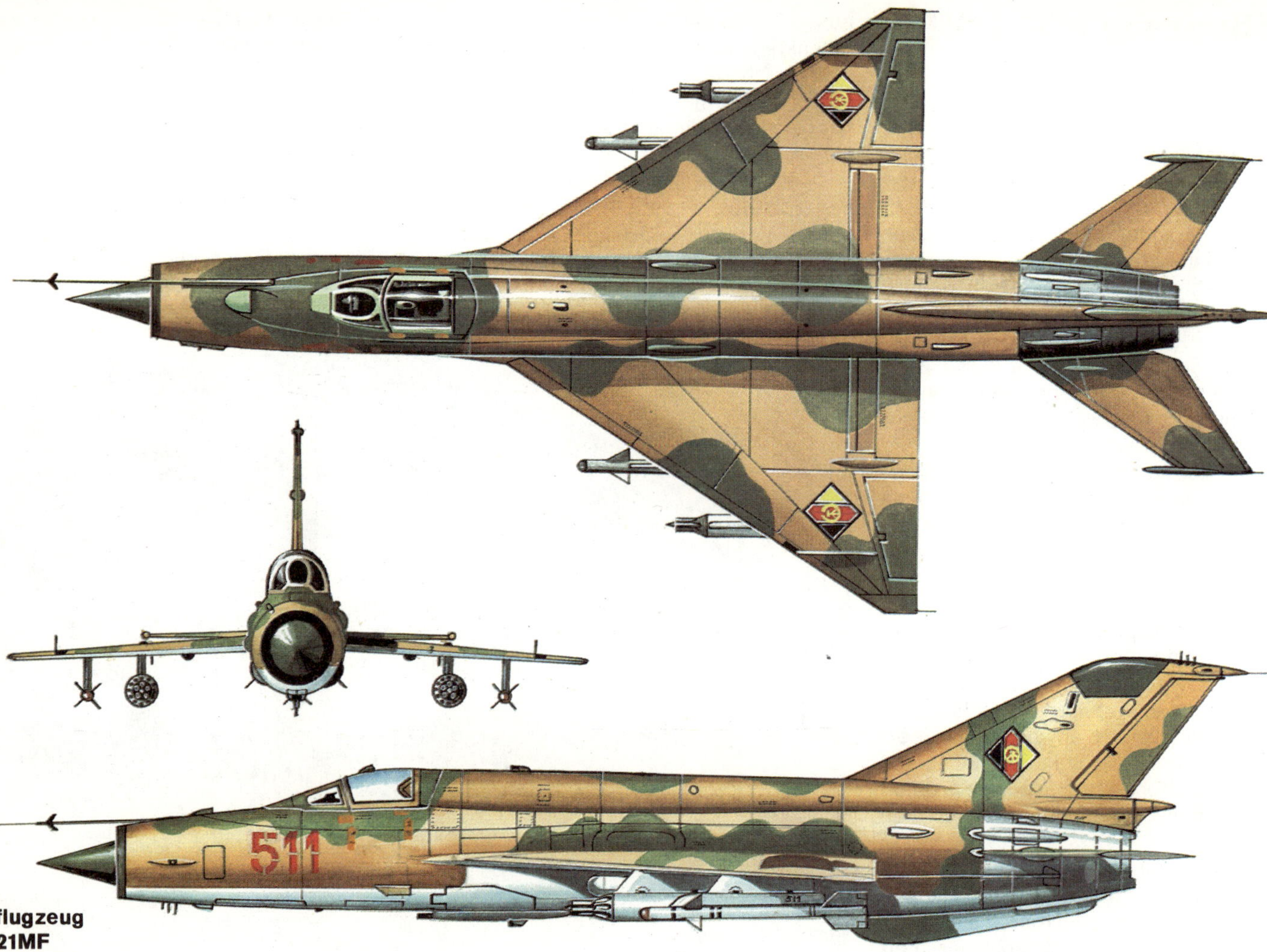

Jagdflugzeug
MiG-21MF

**Jagdflugzeug
MiG-21MF**

wertet. Während am noch nassen Film sofort eine kurze Auswertung durch einen Spezialisten des Fliegeringenieurdienstes und einen fliegerischen Vorgesetzten erfolgt (gibt es keine groben Abweichungen, werden Flugzeugführer und Flugzeug für den nächsten Flug zugelassen), wird später in Ruhe die Feinauswertung vorgenommen. Bis zur Version

Eine MiG-21MF beim Start

Jagdflugzeug MiG-21MF

MiG-21SPS sind in der NVA alle Jagdflugzeuge mit dem Gerät SARPP-12 nachgerüstet worden.

Gleich allen mit einem Funkmeßvisier ausgerüsteten MiG-21-Ausführungen hat auch die MiG-21MF eine mit 16-mm-Kinofilm versehene Kontrollkamera PAU-473, die vom Sichtgerät des Funkmeßvisiers alle 2,5 s acht bis zwölf Bilder je Sekunde aufnimmt. Bei einem Feuerstoß schaltet die Kamera auf Dauerbetrieb. Auf diese Weise ist auszuwerten, ob der Flugzeugführer bei der Ausbildung im Luftkampf richtig gezielt und ob die Rakete das Ziel erfaßt hat. Parallel dazu wird eine Schreiberrakete unter dem Tragflügel mitgeführt, die die Steuersignale des echten Zielsuchkopfes auf einem mit Farbstoff beschichteten Papierstreifen festhält und eine Kontrolle darüber erlaubt, ob der Flugzeugführer richtig gehandelt hat bzw. welche Fehler in der Ausbildung zugelassen worden sind.

Eine Schreiberrakete wird an eine MiG-21MF angebaut

Vorn eine MiG-21MF, dahinter (213) eine Trainerversion MiG-21UM

Jagdflugzeug MiG-21bis

Im Jahre 1975 begann in der UdSSR die Produktion der letzten Haupt-Subfamilie der MiG-21 – die Reihe MiG-21bis, auch als vierte Generation dieses sowjetischen Jagdflugzeugtyps bezeichnet. Der Serienbau von MiG-21 ist 1983 in der UdSSR abgeschlossen worden. Die ČSSR und Indien stellten MiG-21 in Lizenz her, und in China ist der Typ in mehreren Ein- und Zweisitzerausführungen nachgebaut worden. Wie der Luftfahrtsalon 1987 in Paris zeigte, bietet die Volksrepublik China Modifikationen der MiG-21 als einsitziges Jagdflugzeug F-7M und als zweisitzigen Strahltrainer FT-7 für den Export an.

Insgesamt gesehen wurde oder wird die MiG-21 in 40 Ländern der Erde geflogen. Dazu zählen neben allen Staaten der sozialistischen Verteidigungskoalition Länder in Europa, Afrika, Asien und Amerika. Anzunehmen ist, daß die in vielen Versionen entwickelte und in 20 Serienversionen produzierte MiG-21 noch über das Jahr 2000 hinaus zur Bewaffnung der Luftstreitkräfte vieler Länder zählen wird.

Obwohl die MiG-21bis äußerlich und vom Konstruktionsprinzip her den drei früheren MiG-21-Generationen weitgehend entspricht, handelt es sich bei ihr im Grunde um ein völlig neues Flugzeug. So ist die Zelle überarbeitet worden, was vor allem am veränderten Rumpfrücken infolge des vergrößerten Kraftstoffbehälters zu erkennen ist. Als Antrieb wurde das neue Triebwerk R-25-300 aus dem Konstruktionsbüro Tumanski eingebaut.

Die MiG-21bis hat zwar noch keinen Bordrechner wie die MiG-23, dennoch weist sie bereits mehrere Elemente der MiG-23 auf. Fachleute betonen, hinsichtlich Avionik und Bewaffnung verdeutliche sich der qualitative Sprung zu einer neuen Jagdflugzeuggeneration. Der Einbau des Nahnavigationssystems RSBN gestattet der MiG-21bis z. B. den automatischen Landeanflug bis zum Nahfunkfeuer, also bis 1000 m vor Bahnbeginn.

Zu den Veränderungen gegenüber früheren MiG-21-Versionen zählt bei der MiG-21bis auch das neue Funkmeßgerät.

Während von den ersten drei MiG-21-Einsitzergenerationen jeweils auch eine Doppel-

MiG-21bis mit ungelenkten Raketen

Jagdflugzeug
MiG-21bis

Die gleiche Version der MiG-21bis mit Bomben

Jagdflugzeug
MiG-21bis

Die Zwillingskanone GSch-23 dieser MiG-21bis ist für Wartungsarbeiten abgesenkt

Eine für den Luftkampf ausgerüstete MiG-21bis

sitzerausführung abgeleitet worden ist – MiG-21U, MiG-21US und MiG-21UM –, gibt es von der vierten MiG-21-Generation keinen Doppelsitzer. Von den mit der MiG-21bis ausgerüsteten Einheiten wird die MiG-21UM als Schulflugzeug verwendet.

Der innere Kraftstoffvorrat der MiG-21bis beträgt 2750 l. Maximal können 4530 l Kraftstoff mitgeführt werden. Dabei befinden sich unter dem Rumpf ein 800-l-Behälter und unter den Tragflügeln zwei 490-l-Behälter.

Eine MiG-21bis wird für den Start vorbereitet

Eine MiG-21bis mit Kraftstoffzusatzbehältern an den Tragflügelaußenstationen

Schul- und Übungsjagdflugzeug MiG-21UM(USM)

Der Tradition des sowjetischen Flugzeugbaus folgend, bei Notwendigkeit von jedem Jagdflugzeugtyp ein zweisitziges Schul- und Übungsjagdflugzeug abzuleiten, blieben die sowjetischen Konstrukteure auch bei der MiG-21 treu. Für die MiG-21-Reihe der ersten Generation entwickelten sie den Trainer MiG-21U in unterschiedlichen Ausführungen – so mit schmalem und mit breitem Seitenleitwerk.

Als die zweite Generation mit dem verbesserten Katapultsitz KM-1 sowie dem SPS-System für kürzere Landestrecken zur Verfügung stand, wurde die MiG-21US – wiederum mit kleinen Unterschieden in der Ausstattung – den Truppenteilen zur Verfügung gestellt. Die MiG-21U sowie die MiG-21US sind in dem Band «Flugzeuge und Hubschrauber der NVA von 1956 bis 1970» beschrieben worden.

Der Doppelsitzer der dritten MiG-21-Generation – die MiG-21UM

Mit der Einführung der dritten MiG-21-Generation wurde die MiG-21UM entwickelt und in den Serienbau übernommen. Sie stellt also die Kampftrainerausführung der M-Reihe dar. Wie die früheren Doppelsitzer, so ist auch die MiG-21UM geeignet, bei Notwendigkeit Gefechtseinsätze auszuführen. Unter jedem Tragflügel

Schul- und Übungsjagdflugzeug
MiG-21UM

trägt sie eine Aufhängevorrichtung für gelenkte Luft-Luft-Raketen, Bomben oder Behälter mit ungelenkten 57-mm-Raketen gegen Bodenziele. Unter dem Rumpf kann ein 490-l-Zusatzbehälter für Kraftstoff mitgeführt werden.

Zu erkennen ist die MiG-21UM an dem als DUA bezeichneten winzigen Flügel auf der linken Bugseite zwischen Lufteinlauf und viereckiger Luftablaßklappe sowie an dem während des Startens und Landens sowie beim Rollen ausklappbaren Spiegel auf dem hinteren Kabinendach, also über dem Platz des Instrukteurs (wie bei MiG-21US). Vorn sitzt der Flugschüler bzw. der zu überprüfende Flugzeugführer. Das Vorhandensein des Anstellwinkelgebers DUA deutet darauf hin, daß die Schulmaschine MiG-21UM wie die Einsitzer-Reihe MiG-21M/MF statt mit dem früheren einkanaligen Autopiloten KAP-2 mit einem zweikanaligen Autopiloten AP-155 ausgerüstet ist. Gegenüber den früheren Doppelsitzern hat die MiG-21UM auch ein anderes Staurohr. Es ist mit einer Höhenkorrektur kombiniert.

Das Seitenleitwerk weist eine funkdurchlässige grüne Fläche als Verkleidung für das UKW-Funkgerät R-802 oder R-832 auf. Be-

Schul- und Übungsjagdflugzeug MiG-21UM

stimmte Serien haben vor dem Seitenleitwerk eine kurze Schwertantenne.

Generell sind die MiG-21UM wie die MiG-21M mit dem Triebwerk 37 F2S ausgestattet. Jedoch gibt es auch Baureihen, die das Triebwerk 95 der MiG-21MF haben. Bei diesen äußerlich von Maschinen mit dem Triebwerk 37 F2S nicht zu unterscheidenden Flugzeugen ist die zweite Nachbrennerstufe nicht angeschlossen.

Die Jagdfliegerkräfte der NVA verfügen über Maschinen beider Ausführungen, wobei die Ausführung mit dem Triebwerk 95 in der Minderheit ist. Im Jahre 1969 haben die Luftstreitkräfte der NVA die ersten MiG-21UM übernommen. MiG-21UM ist eine sprachliche Kürzung von MiG-21USM.

Gegenwärtig werden noch alle MiG-21-Doppelsitzermodifikationen geflogen, die MiG-21U beider Ausführungen allerdings nur noch an der Offiziershochschule für Militärflieger der LSK/LV.

Gut zu erkennen ist der ausgefahrene Spiegel über dem Fluglehrerplatz dieser MiG-21USM

Eine MiG-21UM hebt ab

Abfangjagdflugzeug MiG-23MF

Im Jahre 1978 erhielten die Jagdfliegerkräfte der NVA mit der MiG-23MF ihren ersten Flugzeugtyp, dessen Tragflügelgeometrie veränderlich ist. Gleichzeitig wurde für Schul- und Übungszwecke das zweisitzige Übungskampfflugzeug MiG-23UB übernommen.

In der NVA wird das Frontjagdflugzeug MiG-23 in erster Linie als Abfangjagdflugzeug unter allen Wetterbedingungen am Tage und in der Nacht in den unterschiedlichsten Höhen und Geschwindigkeitsbereichen verwendet. Da es möglich ist, anstelle der Luft-Luft-Raketen mit unterschiedlichen Lenkverfahren sowie verschiedenen Reichweiten auch Behälter mit ungelenkten Raketen gegen Luft- oder Erdziele, Bomben oder gelenkte Luft-Boden-Raketen mitzuführen, kann die MiG-23 auch als Jagdbomber eingesetzt werden.

Das noch unter persönlicher Leitung von A. I. Mikojan (1905 bis 1970) verwirklichte, zu Beginn der 60er Jahre begonnene Projekt brachte ein manövrierfähiges und leistungsfähiges Mehrzweckjagdflugzeug hervor, das international als leichtestes seiner Klasse gilt.

Kurz nach seinem Erstflug wurde der eigentliche Prototyp der MiG-23 am 9. Juli 1967 anläßlich der Luftparade in Domodedowo von Alexander Fedotow der Öffentlichkeit vorgestellt. An jenem Tage wurden zwei Flugzeuge gezeigt, die Prototypen der in Entwicklung befindlichen MiG-23 waren. Das eine Flugzeug mit der Bordnummer 23 hatte deltaförmige Tragflügel und wies im Rumpf zusätzliche, lotrecht installierte Triebwerke auf, deren Luftzufuhr über eine auf dem Rücken hochzuschwenkende Schlitzklappe gewährleistet wurde. Dadurch verkürzte sich bei diesem Typ die Startrollstrecke auf 180 bis 200 m. Dieser Prototyp glich einer vergrößerten MiG-21 mit seitlichen Lufteinläufen.

Der zweite Prototyp mit der Bordnummer 231 (auch als E-231 bezeichnet; steht heute im Museum der sowjetischen Luftstreitkräfte in Monino bei Moskau) stimmte in der Leitwerk- sowie in der Rumpfform weitgehend mit dem Flugzeug 23 überein, war aber im Gegensatz zu jenem Mitteldecker-Deltaflügler als Schulterdecker mit schwenkbaren Flügeln ausgelegt, allerdings noch ohne «Sägezahn».

In den Jahren darauf erschienen dem Prototyp mit der Nummer 231 sehr ähnliche Maschinen im Truppendienst. Als erste, in größerer Stückzahl in den Truppendienst übernommene Version gilt die MiG-23S von 1970 mit

MiG-23MF

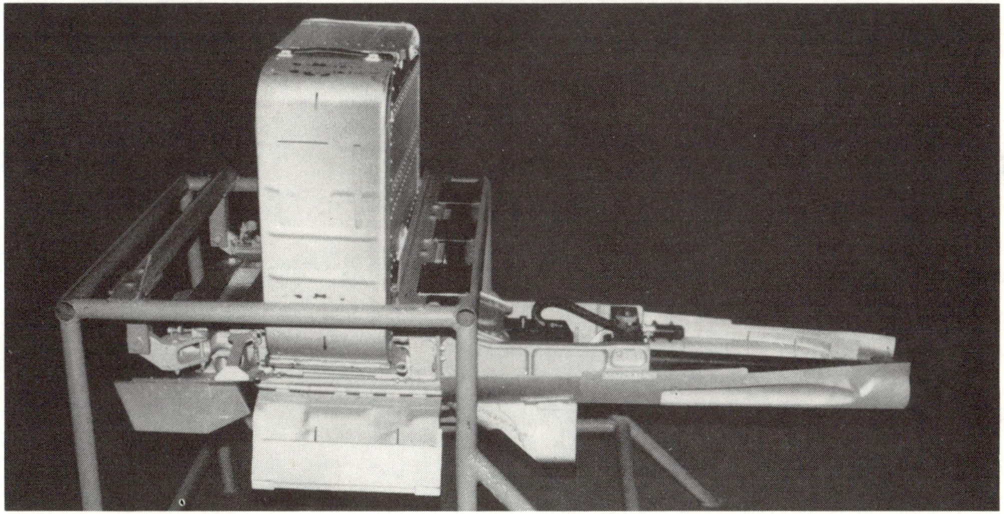

dem Zweiwellen-TW mit Nachbrenner R-27F vom Konstruktionsbüro Tumanski. Von der MiG-23S gibt es unterschiedliche Modifikationen, so die MiG-23SM. Zu erkennen ist die im Armeemuseum in Moskau ausgestellte MiG-23S vor allem an dem weit aus dem Heck herausragenden Schubrohr. Auch eine MiG-23SM ist im Armeemuseum Moskau ausgestellt. Eine MiG-23S wird zu Ausbildungszwekken in der Militärtechnischen Schule «Harry Kuhn» der LSK/LV in Bad Düben verwendet.

Mit etwas abgeänderter Tragflügelform sowie mit dem verbesserten Triebwerk R-29-300 lieferte die Verteidigungsindustrie der UdSSR ab 1975 die MiG-23M aus. Von ihr gibt es wiederum mehrere Modifikationen, so die MiG-23MF und die Doppelsitzer-Ausführung MiG-23UB, beide bis 1977 in Serienreife. Die Entwicklung der MiG-23-Reihe wird seit dem Tode von Mikojan von Rostislaw Beljakow geleitet.

Die MiG-23 ist ein Schulterdecker mit steuerbarem Bugrad, pfeilförmigem Leitwerk mit Flossenruder und seitlich angeordneten, regelbaren ebenen Lufteingangsteilen. Die hochgesetzten Tragflügel und die seitlichen Lufteinläufe ermöglichten, den Rumpfinnenraum maximal für die Unterbringung des Flugzeugführers auf dem Katapultsitz KM-1M, der Spezialausrüstung, von Kraftstoff (insgesamt im Flugzeug 4700 l, im Zusatzbehälter unter

Kanonengondel GSch-23 unter dem linken Tragflügel

Die absenkbare Lafette mit der Kanone GSch-23L

Abfangjagdflugzeug
MiG-23MF

Abfangjagdflugzeug
MiG-23MF

dem Rumpf 800 l), des Triebwerkes, des Fahrwerkes sowie des mit Hydraulikmotoren versehenen Schwenkantriebes zu nutzen.

Der spitz auslaufende Bug bietet dem Flugzeugführer gute Sichtverhältnisse. Das Fahrwerk mit dem großen Radabstand verleiht der Maschine auch auf unebenem Grund eine hohe Rollstabilität. Die unter dem Heck angebrachte zusätzliche Stabilisierungsflosse wird zur Einnahme des erforderlichen Start- und Landewinkels um 90° nach rechts gedreht.

Ständig bewaffnet ist die MiG-23 mit einer zweirohrigen 23-mm-Kanone GSch-23L unter dem Rumpfbug. An Außenstationen können insgesamt 3000 kg Waffenlasten mitgeführt werden. Zur Ausrüstung des Flugzeuges zählen der Bordrechner, eine leistungsfähige und weitreichende Funkmeßanlage für das Suchen und Bekämpfen von Luftzielen, das Freund-Feind-Kennungsgerät, ein Wärmepeilgerät sowie vervollkommnete Navigations- und Leiteinrichtungen (Funkkompaß ARK-15M, Funkhöhenmesser RW-4, System RSBN-6S für die Nahnavigation, Anlage zur automatischen Steuerung, MRP-56P zur Anzeige des Funkfeuerüberfluges, Gerät der aktiven Antwort. Das Wärmepeilgerät kann bei Funkmeßstörungen oder dann angewendet werden, wenn man seinen eigenen Standort nicht durch die Abstrahlung des Funkmeßgerätes demaskieren will.

Erfahrene Flugzeugführer beurteilen die MiG-23 als einen Typ, der in sich die besten Eigenschaften eines Jagdflugzeuges für den Unterschallbereich, für den schallnahen sowie für den Überschallbereich vereinigt.

Auffällig ist das weit überstehende Schubrohr

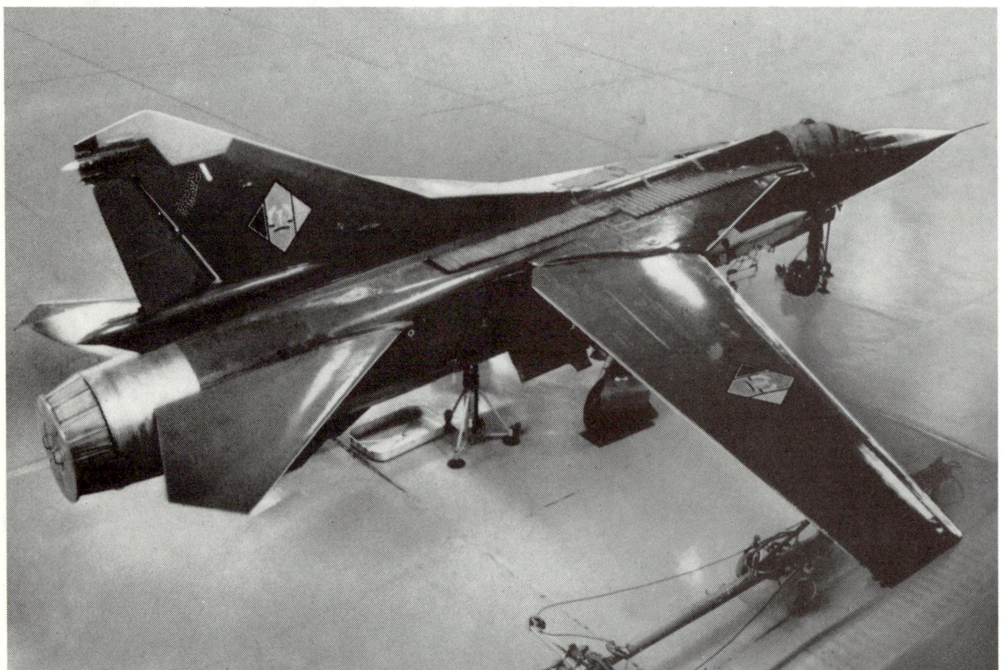

Abfangjagdflugzeug MiG-23ML

Von den Vorgängern unterscheidet sich die als MiG-23ML bezeichnete Version durch die kleinere Seitenflosse und den Wegfall des Knicks in der Seitenleitwerkvorderkante. Das Bugfahrwerkbein ist zwar nach wie vor doppelt bereift, und die Hauptfahrwerkbeine haben nur je ein Rad, jedoch hat man das Fahrwerk mit Zweikammerhochdruckstoßdämpfern modifiziert. So ist die Bugradstrebe kürzer geworden, wodurch das Heck beim Rollen nicht mehr so tief liegt. Andere Antennen in und an der Zelle weisen auf eine veränderte Ausrüstung hin. Als Weiterentwicklung gilt die MiG-23bis. Im Unterschied zu anderen Versionen hat sie an den Außenflügeln Aufhängevorrichtungen, die mitschwenken. Außerdem sind bei der MiG-23bis an den Tragflügeln Vorrichtungen zum Ausstoß von Störkörpern vorhanden. Von den Jagdfliegerkräften der NVA wird die MiG-23ML seit Anfang der 80er Jahre geflogen.

Der prinzipielle Aufbau der MiG-23ML hat sich gegenüber den Vorgängern nicht verändert. Auch hier ist der Rumpf eine konventionelle Halbschalenkonstruktion mit kreisförmigem Querschnitt bis etwa zur Kabine und im Heckbereich, mit abgeflachten Seiten ab Kabinenbereich bis zur Hinterkante des festen Tragflügelteiles. Der Rumpfbug besteht aus

MiG-23ML

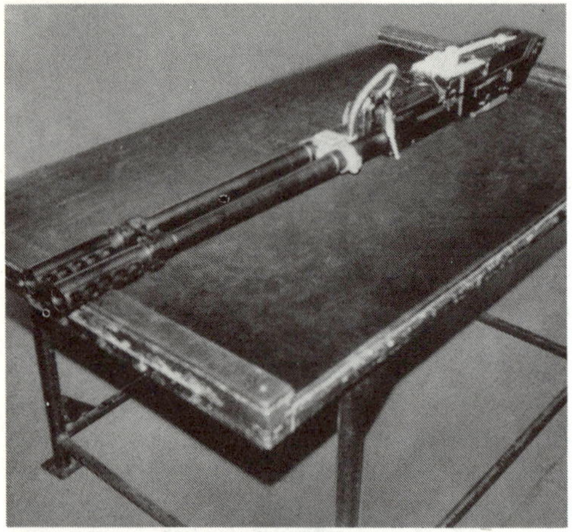

Die 23-mm-Kanone GSch-23L der MiG-23; im Unterschied zur GSch-23 der MiG-21-Ausführungen hat sie an den Rohrmündungen einen Kompensator

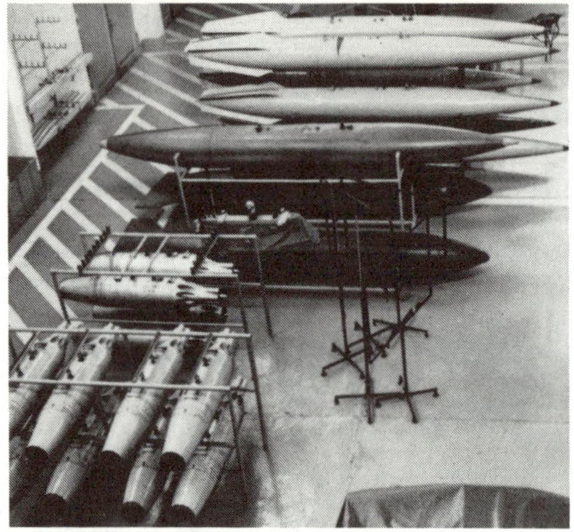

Standardisierte Behälter für ungelenkte 57-mm-Raketen; dahinter Kraftstoffzusatzbehälter

Plasten, die die elektromagnetischen Wellen der elektronischen Geräte nicht behindern. Der elektrisch zu enteisende, fest mit dem Flugzeug verbundene vordere Kabinenteil nimmt die Panzerglasscheibe auf. Hinter der Kabine befinden sich im Rumpf die Nischen für das Hauptfahrwerk, die Kraftstoffbehälter sowie das verbesserte Triebwerk. Der hintere Rumpfteil ist abnehmbar, um leichter das Triebwerk wechseln, warten oder instand setzen zu können.

Charakteristisch ist der fehlende Knick des Seitenleitwerkes im Übergang zum Rumpf

Abfangjagdflugzeug MiG-23ML

Schul- und Übungskampfflugzeug MiG-23UB

Als das Jagdfliegergeschwader «Heinrich Rau» im Verlauf des Jahres 1978 als erster NVA-Truppenteil die Ausbildung mit dem Flugzeugtyp MiG-23 aufnahm, wurden auch zweisitzige Schul- und Übungskampfflugzeuge MiG-23UB zugeführt. Nach Berichten der Fachpresse gab es bereits von dem früheren Kampfflugzeug MiG-23S eine als Doppelsitzer ausgelegte Version MiG-23U – ebenfalls noch mit dem Triebwerk R-27. Die MiG-23UB gilt als Ableitung der weit verbreiteten Ausführung MiG-23MF. Das Schul- und Übungsflugzeug hat ebenfalls das Triebwerk R-27.

Wie im sowjetischen Flugzeugbau üblich, hat der Flugschüler bzw. der zu überprüfende Flugzeugführer seinen Sitz vorn, während der Fluglehrer/Instrukteur hinten sitzt. Verwendet wird die MiG-23UB in den mit den Allwetter-Abfangjagdflugzeugen MiG-23MF oder ML sowie in den mit den Jagdbombenflugzeugen MiG-23BN ausgerüsteten Truppenteilen bzw. Einheiten für die Umschulung junger Flugzeugführer auf diesen Typ oder von Flugzeugführern, die früher auf anderen Typen geflogen sind. Die MiG-23UB dient auch zur Überprüfung nach längeren Flugpausen oder zum Erlernen neuer Elemente in der Gefechtsausbildung, beispielsweise für die Zulassung zu Flügen unter schwierigen Wetterbedingungen oder in der Nacht. Für den vor jedem Flugdienst zu absolvierenden Wetterflug im Raum der vorgesehenen Flüge wird die MiG-23UB ebenso verwendet wie früher die MiG-15UTI oder die doppelsitzige MiG-21 in den mit MiG-21 aller Versionen ausgestatteten Geschwadern.

Natürlich läßt sich die MiG-23UB bei Notwendigkeit auch als Kampfflugzeug verwenden. Alle Ausrüstungen sind dafür vorhanden, und an den Aufhängevorrichtungen unter dem Rumpf sowie unter den Tragflügeln können Kraftstoffzusatzbehälter und verschiedene Arten von Waffenzuladungen wie von den Einsitzern mitgeführt werden. Beide Plätze haben eigene, nach oben klappende Zugänge sowie einen eigenen Katapultsitz. Im hinteren Kabinendach ist ein Periskop angebracht.

Neben dem Trainer MiG-23UB steht den mit dem Flugzeugtyp MiG-23 ausgerüsteten Einheiten der auf Digitalrechner-Basis konstruierte Flugsimulator KTS-6 zur Verfügung.

Außer den Luftstreitkräften der sozialisti-

Eine MiG-23UB

schen Verteidigungskoalition verwenden auch die Ägyptens, Indiens, Kubas und Libyens die MiG-23UB.

Im Grundaufbau entspricht die MiG-23UB den einsitzigen Versionen. Sie ist ein Schulterdecker mit um 70° gepfeiltem starren Mittelteil sowie beweglichen Außenflügeln. Mit Hilfe des Tragflügelverstellmechanismus kann der Flugzeugführer je nach Höhe und Geschwindigkeit die Außenflügel in drei fixierte Stellungen bringen. Das im starren Teil – es nimmt je Seite eine Aufhängung für Raketen oder Raketenbehälter auf – untergebrachte Schwenklager ist 1,5 m von der Symmetrieachse des Flugzeuges entfernt.

Der Vorteil der schwenkbaren Tragflügel besteht darin, daß ein größerer Bereich nutzbarer Flughöhen und -geschwindigkeiten verfügbar ist, eine günstigere Flugweite und Flugdauer erzielt wird und sich bessere Eigenschaften sowohl beim Starten und Landen als auch bei Flugmanövern unter den verschiedensten Bedingungen ergeben.

Beim Starten und Landen stellt der Flugzeugführer den minimalen Pfeilwinkel von 16° ein, wobei die Spannweite 14,00 m beträgt. Er wird auch dann gewählt, wenn mit der größten Flugweite und Flugdauer geflogen werden soll. Um beim Starten und Landen möglichst

Gesamtansicht einer MiG-23UB

Zu beachten sind die Bremsklappen am Heck, das Flossenruder, der Bremsschirmbehälter sowie die nach rechts geklappte Stabilisierungsflosse unter dem Rumpf der MiG-23UB

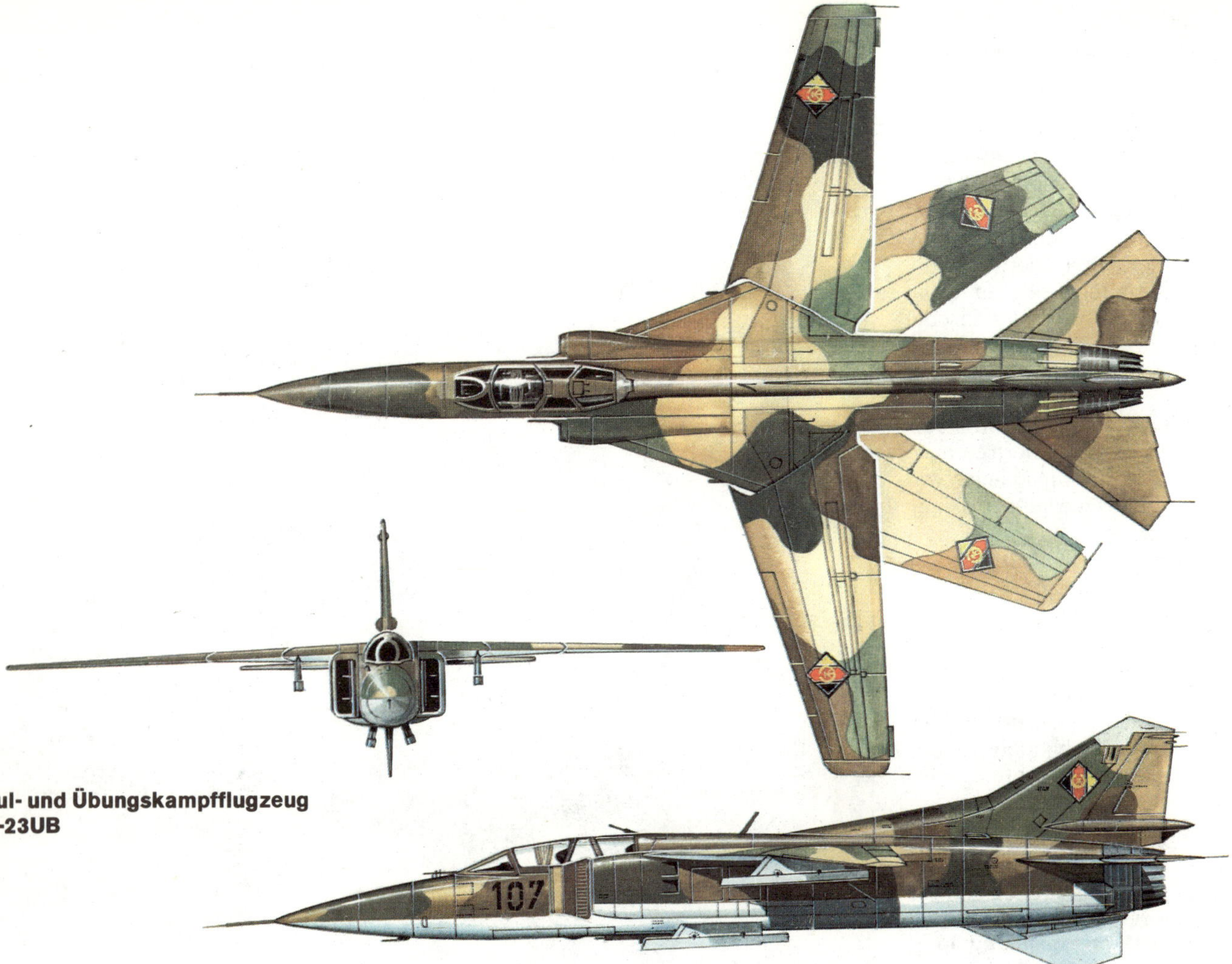

Schul- und Übungskampfflugzeug
MiG-23UB

hohe Auftriebsbeiwerte, also geringe Geschwindigkeiten zu erhalten, fährt man zusätzlich die sich über die gesamte Tragflügelhinterkante erstreckenden Landeklappen sowie die in vier Sektionen unterteilten Nasenklappen an der Flügelvorderkante aus. Im Vergleich zu anderen Strahlflugzeugen ergibt sich dadurch beispielsweise in der Landephase für den Flugzeugführer der Vorteil, daß er über eine größere Zeitreserve verfügt, um eingetretene Abweichungen von den vorgeschriebenen Werten (Kurs, Höhe) auszugleichen. Nicht nur die Steuerung ist damit erleichtert, auch die Flugsicherheit ist größer.

Werden die Tragflügel (das gilt für alle in der NVA geflogenen MiG-23-Versionen) in die Mittelstellung von 45° gebracht, so verringert sich im Unter- und im Überschallbereich der Stirnwiderstand des Flugzeuges im Vergleich zur minimalen Pfeilung. Angewendet wird diese Stellung, wenn es um eine hohe Manövrierfähigkeit sowie einen großen Geschwindigkeits- und Höhenbereich geht.

Sollen sehr große Geschwindigkeiten erreicht werden, gleichgültig, ob in geringen, mittleren oder großen Höhen, so stellt der Flugzeugführer die maximale Pfeilung von 72°

Schul- und Übungskampfflugzeug MiG-23UB

Ein MiG-23-Doppelsitzer startet

ein, wobei die Spannweite 7,78 m beträgt. Da sich dabei im Verhältnis zum mittleren Pfeilwinkel der Stirnwiderstand sehr stark verringert, ist das Flugzeug auch in geringen Höhen leicht in den Überschallbereich zu bringen. In großen Höhen erreicht es mehr als die doppelte Schallgeschwindigkeit. Aerodynamisch ergibt sich bei maximalem Pfeilwinkel noch ein anderer Vorteil: Bei atmosphärischen Turbulenzen sind bedeutend größere Fluggeschwindigkeiten zulässig als für Flugzeuge mit starren Tragflügeln, weil sich bei großer Tragflügelpfeilung die Turbulenzbelastung in Grenzen hält und das Flugzeug beherrschbar wird.

Als weitere Besonderheiten der MiG-23-Tragflügel nennen die Fachleute folgendes: Das voll bewegliche Flossenruder schlägt bei Starrflüglern im Überschallbereich nach unten aus, um im geradlinigen Horizontalflug die Gleichgewichtslage zu halten. Das verursacht aber einen zusätzlichen Widerstand und einen höheren Kraftstoffverbrauch. Bei der MiG-23 vermindert das weit nach vorn gezogene, stark gepfeilte und gering gestreckte Tragflügelmittelstück diesen negativen Effekt. Damit bewirkt die gewählte Tragflügelkonstruktion einen stets günstigen Angriffspunkt der Auftriebskraft sowie ein beschränktes Wandern des Neutralpunktes.

Jagdbombenflugzeug MiG-23BN

Neben zahlreichen Versionen und Modifikationen des Flugzeugtyps MiG-23 als Jagdflugzeug gibt es auch zwei unterschiedliche Baureihen als Jagdbomber. Sie werden als MiG-27 und MiG-23BM bezeichnet, von denen jeweils wieder mehrere Modifikationen entstanden sind. So produzierte Indien die MiG-27M in Lizenz. Von der MiG-23BM wurde beispielsweise die Exportausführung MiG-23BN abgeleitet, die in der Fachliteratur auch als 24BN bezeichnet wird.

Ausgangsmuster für beide Jagdbomberreihen war der Prototyp MiG-23B, der etwa zu der Zeit erprobt wurde, als die ersten Serienjagdflugzeuge MiG-23 in die Truppe gelangten. Charakteristisch für die MiG-23B waren die ungeregelten Lufteinläufe. Nicht bekannt ist, ob der Bug ebenso gestaltet war wie bei der MiG-27 und der MiG-23BM bzw. BN. Die MiG-27 und die später entwickelte MiG-23BM unterscheiden sich in der Bewaffnung und Ausrüstung sowie im Triebwerk.

Zu Beginn der 80er Jahre ist die MiG-23BN (24BN) von den Jagdfliegerkräften der NVA als Ablösemuster für die MiG-17F übernommen worden. Der breiten Öffentlichkeit wurde das Flugzeug erstmals anläßlich des Truppen-

Ein Jagdbomber MiG-23BN mit ungelenkten Raketen

Eine MiG-23BN ohne Aufhängungen

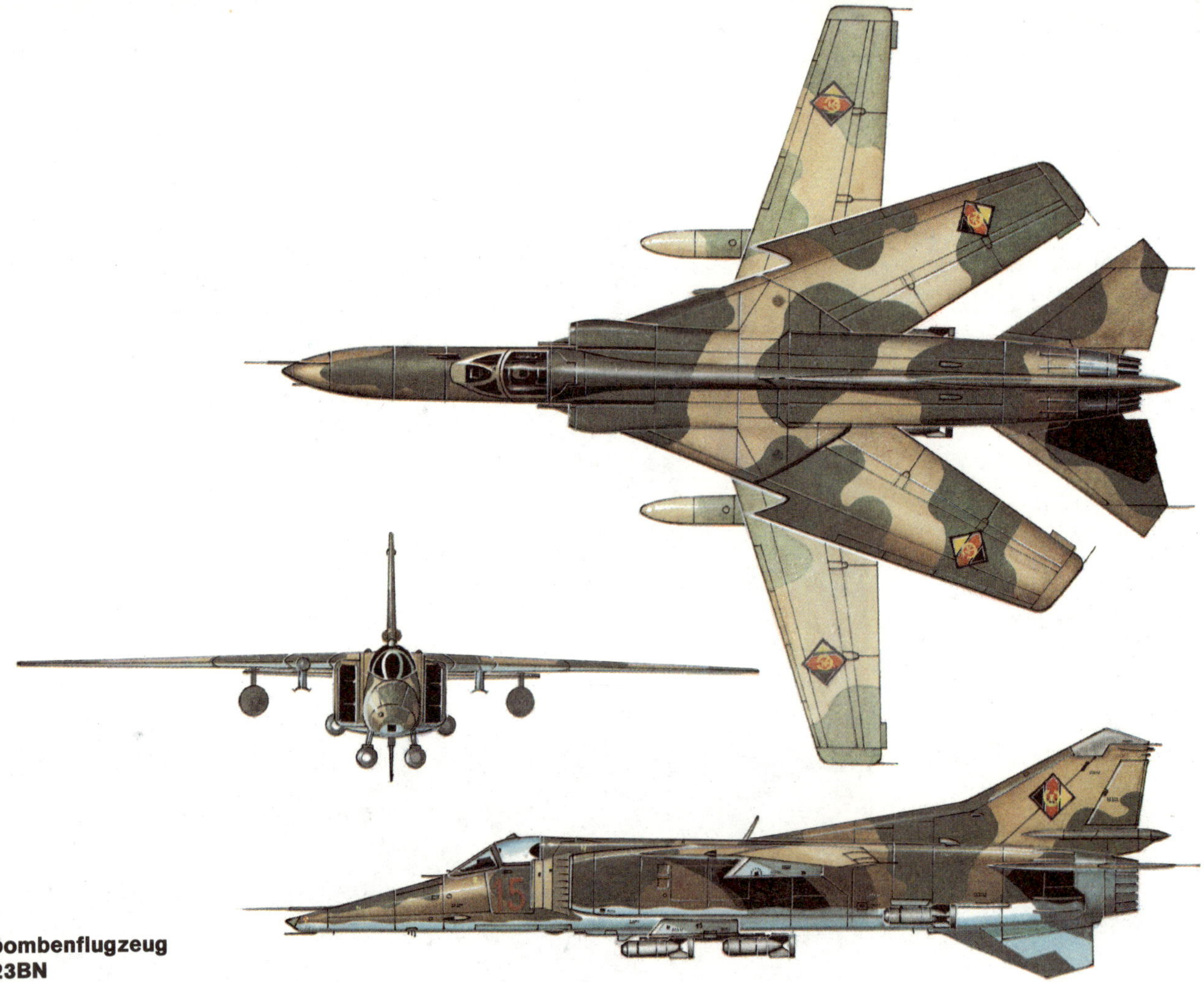

Jagdbombenflugzeug
MiG-23BN

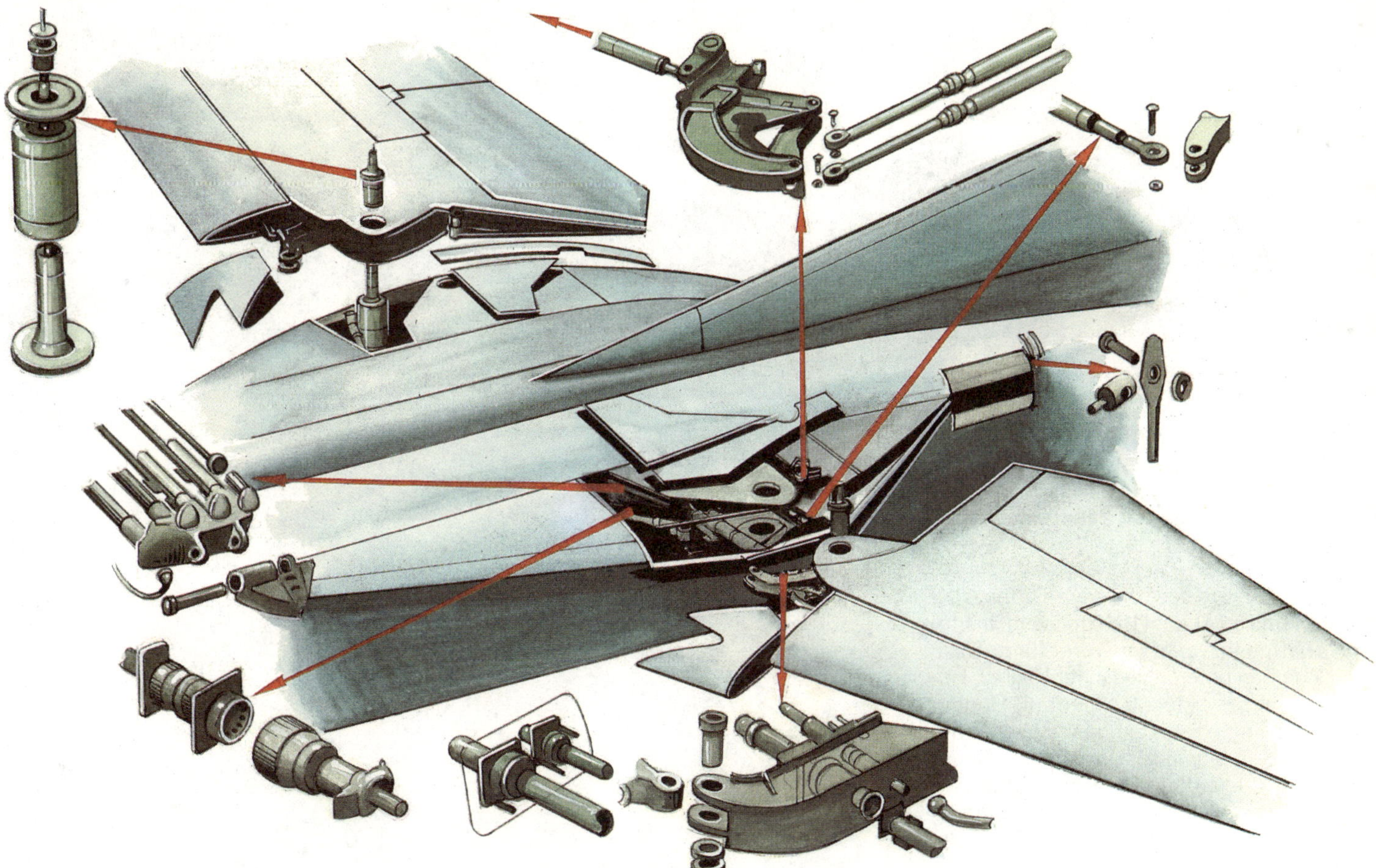

Schwenklager in den Tragflügeln der MiG-23

MiG-23BN mit Bomben unter Rumpf und Tragflügeln

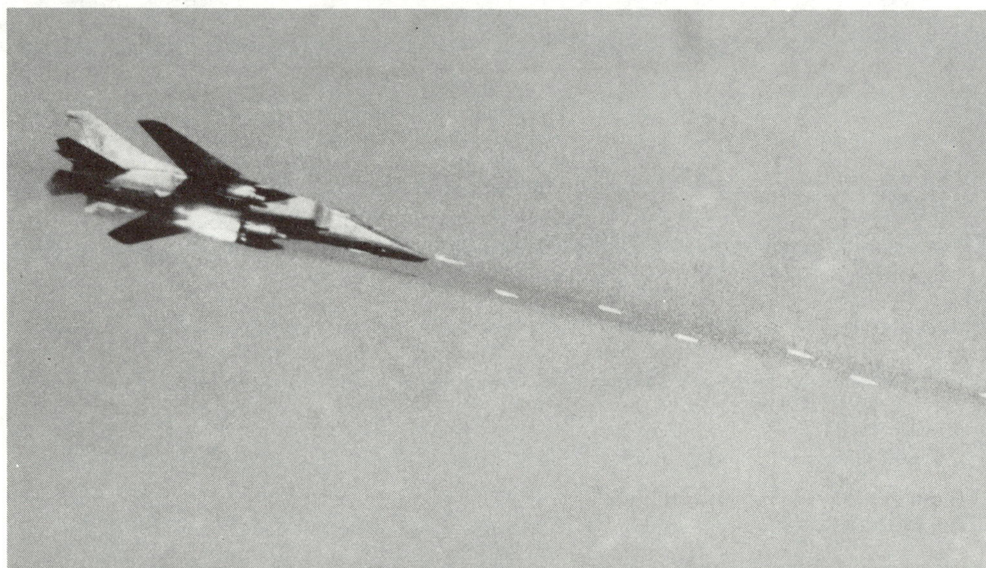

Schießen mit ungelenkten Raketen auf ein Bodenziel

besuchs einer Delegation der Partei- und Staatsführung im August 1985 mit verschiedenen Bewaffnungsvarianten vorgeführt. Dazu zählen Bomben unterschiedlicher Kaliber, Behälter mit ungelenkten 57-mm-Luft-Boden-Raketen, gelenkte Raketen oder Behälter mit Kanonen samt Munition. Unter dem Rumpf kann ein 800-l-Kraftstoffbehälter mitgeführt werden, und im Rumpf befindet sich ständig die zweirohrige 23-mm-Kanone GSch-23L. Insgesamt können an sieben Aufhängepunkten – zwei davon befinden sich beidseits des Hecks – ein Kraftstoffzusatzbehälter und 3000 kg Waffenzuladung mitgeführt werden.

Wie die Jagdflugzeuge der Serie MiG-23, so können auch die Jagdbomber ihre Tragflügel auf die Stellungen 16° (Start/Landung), 45° (sparsamer Flug, Warteposition) oder 72° (Hochgeschwindigkeitsflug) fahren. Mit den Allwetter-Abfangjägerausführungen haben die Jagdbomber MiG-23BN eine große äußere Ähnlichkeit. Jedoch ist der Rumpf des Jagdbombers im Interesse einer sehr guten Bodensicht des Flugzeugführers aus seiner gepanzerten Kabine stark nach unten abgeschrägt. Da das für die Jagdflugzeugversionen typische Funkmeßgerät nicht benötigt wird, konnte der Rumpfbug sehr kurz und unten abgeflacht gehalten werden.

Von den sieben Aufhängungen befinden sich zwei unter dem starren Flügelteil, drei unter dem Rumpf sowie zwei im Heckbereich. Zu unterscheiden ist die MiG-23BN von der MiG-27 vor allem dadurch, daß sich bei dieser unter dem Rumpf nur ein Aufhängepunkt befindet, während die beiden anderen ihren Platz unter den Eingangsteilen haben. Wie bei anderen Ausführungen der MiG-23, so haben auch die Jagdbomber unter dem Heck eine große, bei der Landung um 90° nach rechts zu klappende Stabilisierungsflosse.

Der Kraftstoffvorrat im Inneren beträgt bei der MiG-23BN insgesamt 5380 l. Unter dem Rumpf sowie unter den Tragflügeln können drei Kraftstoffzusatzbehälter zu je 800 l mitgeführt werden. Zur Ausrüstung zählen neben den Navigationsanlagen und dem Laserentfernungsmesser die notwendigen Zielerfassungs- und Feuerleitanlagen.

Eine MiG-23BN von vorn

Mehrzweckjagdflugzeug MiG-29

Am 10. Mai 1988 führte Oberst Manfred Skeries aus Anlaß eines Besuches des Verteidigungsministers der UdSSR in der DDR erstmals eine MiG-29 der NVA vor. Erste Fotos dieses Typs mit den Hoheitsabzeichen der DDR erschienen Mitte 1989 in dem Bildband des Militärverlages über die Luftstreitkräfte/Luftverteidigung der NVA. Geeignet ist die MiG-29 zum Abfangen von Luftzielen in allen Höhen- und Geschwindigkeitsbereichen.

Der breiten Öffentlichkeit wurde die MiG-29 bekannt, als sechs Maschinen dieses Typs in der Zeit vom 1. bis. 4. Juli 1986 vom Flugplatz Kubinka bei Moskau aus einen Freundschaftsbesuch bei finnischen Jagdfliegern in Rissala abstatteten. Dabei ist die MiG-29 den Beobachtern aus vielen Ländern als universelles Frontjagdflugzeug vorgestellt worden, das zum Schutz der Landstreitkräfte vor gegnerischen Jagdflugzeugen sowie Hubschraubern diene.

Erneut konnte sich ein großer Personenkreis mit diesem Flugzeugtyp vertraut machen, als die Testpiloten A. Kwotschur und R. Taskajew zwei dieser Jagdflugzeuge – die einsitzige MiG-29A und die zweisitzige MiG-29UB – Anfang September 1988 anläßlich der Luftfahrtschau in Farnborough (Großbritannien) vorführten. Dort anwesende Beobachter erklärten übereinstimmend, sowohl das Äußere als auch die Manövrierfähigkeit des Flugzeuges seien beeindruckend.

Bereits vor dieser Veranstaltung hatte der führende MiG-29-Spezialist des Mikojan-Konstruktionsbüros, M. Waldenberg, der Presse gegenüber geäußert: «Wir haben Grund dafür zu behaupten, daß die MiG-29 heute eines der besten Frontjagdflugzeuge ist. Wir sind davon überzeugt, daß unsere Maschine voll konkurrenzfähig auf dem Markt der modernen Flugzeugtechnik ist. Uns bringt auch der Fakt nicht in Verlegenheit, daß wir jetzt in England unsere neuesten Errungenschaften zur Schau stellen wollen, weil ja die Ideen und Gedanken ständig den bereits entwickelten Mustern voraus sind.»

Die MiG-29 ist Mitte der 70er Jahre entworfen und projektiert worden. Ab 1977 hat Mikojan-Cheftestpilot Alexander Fedotow den heute im Museum der sowjetischen Luftstreitkräfte in Monino stehenden Prototyp 01 erprobt. Anfang der 80er Jahre begann die Serienproduktion der MiG-29. Mitte 1984 flogen zwei indische Flugzeugführer erstmals in der UdSSR diesen Flugzeugtyp, von dem Indien 40 Maschinen aus der UdSSR bezog und weitere in Lizenz herstellt. Im Januar 1988 waren vier indische Staffeln mit dem als «Baaz» (Adler) bezeichneten Typ ausgerüstet. Darunter befinden sich auch Maschinen der doppelsitzigen Schul- und Übungsausführung MiG-29UB.

Konstruktiv gesehen ist die MiG-29 ein einsitziger freitragender Tiefdecker. Im Bugteil hat der Rumpf einen runden Querschnitt, im Mittelteil ist er elliptisch, und im Heckteil verflacht er, was zusätzlichen Auftrieb erzeugt. Hinter der sehr stark verglasten Kabine verengt sich der Rumpf, und er wird niedriger. In diesem Teil liegen die beiden Zweiwellen-Zweistrom-Strahltriebwerke, entwickelt im Konstruktionsbüro von Tumanski. Die Lufteingangsteile der Triebwerke sind rechteckig und schräg nach außen gerichtet. Erreicht wird mit dieser Lösung, daß auch bei großen Anstellwinkeln eine stabile Luftzuführung für die Triebwerke ohne störenden Einfluß der Grenzschicht des Rumpfes und der Tragflügel gewährleistet wird. Damit beim Rollen zur Start- und Landebahn sowie beim Starten bzw. Landen selbst keine Fremdkörper durch die sehr niedrig liegenden Lufteinläufe angesaugt werden, sind diese durch Klappen verschlossen. Die von den Triebwerken benötigte Luft wird in diesen Phasen über je fünf hintereinander liegende Klappen an den Tragflügeloberseiten angesaugt. Geregelt wird das Öffnen und Schließen der unteren Lufteingangsteile automatisch in Abhängigkeit von der Geschwindigkeit.

Auffällig sind die weit nach vorn gezogenen Flügelwurzeln. Es ist ein pfeilförmiger Trapezflügel mittlerer Streckung, der mit einem Deltaflügel kleiner Streckung zusammengesetzt ist. Er heißt deshalb Hybridflügel. Die Konstruktion wird gegenüber der eines Schwenkflüglers als leichter und einfacher bezeichnet. Charakterisiert ist sie durch einen großen Auftriebsbeiwert sowie durch gute Eigenschaften sowohl im Unterschall- als auch im schallnahen und im Überschallbereich. In Verbindung mit dem sehr günstigen Verhältnis von Schubkraft zum Fluggewicht – es wird bei der MiG-29 mit 1,2:1 angegeben – sichern diese Tragflügel, die mit Nasenklappen versehen sind, und die doppelten, ganz an den Rumpf verlegten Seitenleitwerke eine sehr gute Manövrierfähigkeit.

Fachleute betonen, die hohe Stabilität und Manövrierfähigkeit in allen Geschwindigkeitsbereichen werde durch solche konstruktiven Elemente wie die besondere Form der Querruder, stark gepfeilte Flossenruder und doppeltes Seitenleitwerk mit nach außen geneigten Flächen sowie Übergängen nach vorn zu den Tragflügeln als Grenzschichtzäune wesentlich unterstützt.

In Höhe der Seitenleitwerke befinden sich große aerodynamische Bremsen, die nach oben und nach unten ausklappen. Der am Rumpfende in der Längsachse angebrachte Bremsschirm verkürzt die Landerollstrecke auf etwa 450 m. Auch die Startstrecke mit 400 m gilt als sehr kurz. Die Einfachräder des Hauptfahrwerkes fahren in den Rumpf ein.

Die sowjetische Nachrichtenagentur TASS berichtete vor der Flugschau in Farnborough: «Dieses hochmobile Überschallflugzeug hat eine mächtige Waffenkapazität, um jedes fliegende oder bodengebundene Ziel zu bekämpfen – genausogut, wie es mit niedriger Geschwindigkeit sowohl Transportflugzeuge als auch Hubschrauber begleiten kann.» Hervorgehoben wird die Fähigkeit der MiG-29, weitaus tiefer fliegende Ziele – beispielsweise Marschflugkörper – bekämpfen zu können.

Mehrzweckjagdflugzeug MiG-29

Mehrzweckjagdflugzeug
MiG-29

Dazu dient ein Impuls-Doppler-Funkmeßgerät, welches auch das gleichzeitige Beobachten mehrerer Luftziele ermöglicht; auch solcher, die in geringer Höhe fliegen.

Zur Ausrüstung der MiG-29 zählt ein passives Ortungssystem im Infrarotbereich, das unter Störungen oder in Situationen benutzt wird, in denen der Funkmeßzielkomplex nicht einsatzbereit ist.

Die Bewaffnung besteht aus einer fest im Rumpf installierten 30-mm-Kanone sowie aus bis zu 2300 kg schweren Waffenlasten an Außenaufhängungen. Das können bis zu sechs Luft-Luft-Raketen für mittlere Reichweiten und für den Nahbereich sein.

Im Inneren werden bis zu 3900 kg Kraftstoff mitgeführt.

Eine Anzahl von Antennen sowie Sensoren am Flugzeug, die beim Prototyp in Monino nicht vorhanden sind, zeugt davon, daß es unterschiedliche elektronische Systeme für die Navigation, für die eigene Warnung, aber auch für Störungen gibt.

Mehrzweckjagdflugzeug MiG-29

Jagdbombenflugzeug Su-22

Während des Truppenbesuches einer Partei- und Staatsdelegation bei den Luftstreitkräften/Luftverteidigung im August 1985 stellte die NVA erstmals das Jagdbombenflugzeug Su-22 der Öffentlichkeit vor. Gezeigt wurden dabei einige der zahlreichen Bewaffnungsmöglichkeiten dieses Flugzeugtyps, von dem auch die doppelsitzige Schul- und Übungsausführung am Boden und in der Luft vorgeführt wurde.

Die Entwicklung der Su-22 geht auf den Jagdbomber Su-7B zurück, der zu den wichtigsten sowjetischen Flugzeugtypen dieser Art in der Nachkriegszeit zählt und über viele Jahre im Truppendienst mehrerer Länder stand.

Als Anfang der 60er Jahre in der Sowjetunion mehreren Konstruktionsbüros die Aufgabe gestellt wurde, ein Kampfflugzeug mit veränderlicher Tragflügelgeometrie zu entwerfen, griff man im Suchoj-Kollektiv (nach dem Tode Suchojs ab 1975 von J. A. Iwanow geleitet) auf die bewährte Su-7B-Zelle zurück, die einen Schwenkflügel erhalten sollte. Man ging dabei von dem Prinzip aus, daß sich nur die äußeren Tragflügelenden bewegen. Mit Hilfe von Gelenken sollten sie mit dem mittleren Tragflügelteil verbunden und über einen Spezialmechanismus in der horizontalen Ebene zu schwenken sein. Damit veränderten sich die Spannweite, der Pfeilwinkel, die Tragflügelfläche, die Streckung und das Dickenverhältnis. Dank dessen würde ein damit versehenes Flugzeug in den unterschiedlichsten Flugphasen die notwendige Leistungsfähigkeit erhalten und sich als günstig für die Gefechtseigenschaften gerade eines Jagdbombers erweisen.

Neben aerodynamischen Vorteilen hatte das Beibehalten des nichtschwenkbaren Mittelflügels noch andere: Das Fahrwerk ließ sich besser unterbringen (in die Tragflügel einfahrbar, damit breite Fahrwerkbasis, günstig für Handlungen von Rasenplätzen aus), ebenso die Bewaffnung. Darüber hinaus wird der Druckpunkt beim Verstellen der Tragflügelenden nur unwesentlich verändert, was durch Verlagern des Schwerpunktes ausgeglichen wird. Den feststehenden Teil der Tragflügel verstärkten die Konstrukteure, und im Drehpunkt des beweglichen Teils der Tragflügel befestigten sie einen breiten Träger, der es erlaubt, Bewaffnung oder Kraftstoffzusatzbehälter unterzubringen.

Mit Hilfe der 4 m langen beweglichen und mit Vorflügeln und Landeklappen versehenen Tragflügel war es möglich, gegenüber der Su-7B die Flugeigenschaften insbesondere beim Starten und beim Landen sowie im Langsamflug zu verbessern. Das Experimentalflugzeug erhielt die Bezeichnung Su-7IG (IG – russ. für veränderliche Geometrie). Die Werkbezeichnung lautete S-22IG. Als erstes sowjetisches Flugzeug dieser Klasse wurde es von Wladimir Iljuschin ab 2. August 1966 erprobt und während der Luftparade im Juli 1967 in Domodedowo vorgeführt. Dabei demonstrier-

Start einer Su-22

te man die Verkürzung von Start und Landung sowie das Verändern der Tragflügelstellung im Fluge.

Da das gewählte Konstruktionsprinzip den Anforderungen entsprach, überführte man den Typ als Su-17 in den Serienbau. Als dieser Jagdbombertyp, dem man besondere Eignung zum Bekämpfen von Überwasserzielen zusprach, zu Beginn der 70er Jahre seinen Dienst in den Fliegerkräften der UdSSR antrat, wies er zwar eine starke Ähnlichkeit mit dem Versuchsflugzeug Su-7IG auf, dennoch gab es wesentliche Unterschiede. Beibehalten hatte man die Konzeption der beweglichen Tragflügelenden. Jedoch hatte man ein neues Triebwerk eingebaut, die Kabinenabdeckung umkonstruiert, ein hochwertiges Führungs- und Navigationssystem installiert. Zwischen der Kabine und der Seitenflosse erhielt die Su-17 den bei der Su-7IG noch nicht vorhandenen Tunnel, und unter dem Rumpf brachte man acht Aufhängepunkte für die Bewaffnung oder für zusätzliche Kraftstoffbehälter an.

Die Su-17 ist in mehreren Versionen gebaut worden. Dazu zählen die Su-17M und die für Schul- und Kampfaufgaben verwendbare Su-17U. Eine weitere Version ist die Su-17MK mit dem neuen Triebwerk AL-21F-3, das bei eingeschaltetem Nachbrenner einen Startschub von 110 kN (ohne Nachbrenner 76,44 kN) entwickelt. Die Bewaffnung besteht aus zwei fest in die Tragflügelwurzeln eingebauten 30-mm-Kanonen NR-30 mit je 70 Granaten sowie einer Waffenaußenzuladung von maximal 4000 kg an sechs bis acht Stationen unter Rumpf und Tragflügeln. Das können Bomben, Raketen, Gondeln mit 23-mm-Zwillingskanonen GSch-23 nebst Munition ebenso sein wie Aufklärungscontainer oder Kombinationen mit Kraftstoffzusatzbehältern.

Eingebaut ist ein Katapultsitz KS-4S-32, der ein Verlassen der Maschine in Notfällen bis zu einer Geschwindigkeit von 1250 km/h und bei Start und Landung mit einer Mindestgeschwindigkeit von 140 km/h erlaubt.

Außerhalb der UdSSR bekam die Su-17MK die Bezeichnung Su-20. Die Luftstreitkräfte Polens erhielten diesen Typ im Jahre 1974. Bestimmt ist er als Mehrzweck-Flugzeug zur direkten Unterstützung der Bodentruppen sowie zum Vernichten von Zielen in der taktischen Tiefe. Außerdem kann er zum Aufklären

Eine Su-22 ohne Aufhängungen

Jagdbombenflugzeug
Su-22

Jagdbombenflugzeug
Su-22

von Zielen sowie zum Abfangen und Vernichten gegnerischer Flugzeuge verwendet werden. In diesem Fall besteht ein Teil der mitgeführten Bewaffnung aus zielsuchenden Luft-Luft-Raketen, die zur Selbstverteidigung, aber auch bei anderen Aufgaben mitgeführt werden können.

Die Su-17/20-Reihe wurde durch zahlreiche Verbesserungen zur Su-22 weiterentwickelt, die als fliegender Computer gilt. Als die ersten Su-22-Fotos 1977 in der sowjetischen Presse erschienen, war zu erkennen, daß der Bugteil länger geworden war und man die Laserausrüstung komplettiert hatte – so mit einer Zielvorrichtung und einem Entfernungsmesser auf Laserbasis sowie einem automatischen System zum Ausweichen vor Geländehindernissen.

Fotos ist zu entnehmen, daß es bisher mindestens zehn Ausführungen der Su-22 gibt. Die von den Fliegerkräften der UdSSR, der ČSSR, der DDR, Polens und Ungarns geflogenen Su-22 gehören zu denen, die man als die «buckligen» bezeichnet. Bei diesen hat man den Bug heruntergezogen, um die Sicht zu verbessern. Außerdem ist durch den Einbau von Kraftstoffbehältern hinter der Kabine der Tunnel zur Seitenflosse vergrößert, sie selbst erhöht worden. Damit ließ sich nach Ansicht von Fachleuten gleichzeitig die aerodynamische

Tragflügel der Su-22

Su-22 mit Standardbehältern für 57-mm-Raketen S-5

Form verbessern, weil das tiefe Rumptrückgrat einen geringeren Widerstand erzeugt. Im Gegensatz zu der ersten Su-22-Ausführung weisen die «buckligen» Versionen eine zusätzliche Stabilisierungsflosse unter dem Rumpfheck auf.

Zu erkennen ist die neuere Version an der kreisförmigen Lufteinlaßöffnung für die Kabinenventilation, wodurch ein stufenförmiger Übergang zur Seitenflosse entstanden ist. Neben einigen anderen Veränderungen ist für die neueste Su-22 charakteristisch, daß sie an zehn Außenaufhängungen Waffenlasten oder Zusatzbehälter mitführen kann. Die Kabine ist bei den neueren Su-22 gegenüber der in den ersten Serien vergrößert worden. Eingebaut ist ein neuer, als K-36 bezeichneter Katapultsitz der Klasse 0 – 0 (Rettungsvorgang in 0 m Höhe aus dem stehenden Flugzeug).

Schul- und Übungsflugzeug Su-22U

Zu den Traditionen im Bau einsitziger sowjetischer Kampfflugzeuge gehört es seit den Zeiten des Kolbenmotor-Jagdflugzeuges I-16, für die Ausbildung oder Umschulung des Personals, für die Überprüfung neuer Ausbildungselemente oder für die Neuzulassung nach längeren Flugpausen zweisitzige Versionen zu verwenden, die aus den Kampfeinsitzern abgeleitet worden sind. So gibt es für das Jagdbombenflugzeug Su-22 ebenso wie für dessen Vorgänger Su-7B oder Su-17 eine Strahltrainerausführung: die Su-22U.

Bis auf die doppelsitzige Kabine mit dem vorderen Platz für den Auszubildenden oder zu Überprüfenden und dem hinteren Platz für den Instrukteur bzw. Fluglehrer entspricht die Su-22U in Aufbau, Ausrüstung, Bewaffnung und Flugeigenschaften weitgehend der Kampfausführung. Deshalb ist es bei Notwendigkeit auch möglich, den Doppelsitzer für Gefechtsaufgaben zu verwenden. Die Hauben des Kabinendaches lassen sich über beiden Sitzen nach oben klappen. In der hinteren ist ein ausfahrbarer Spiegel eingelassen, um die Sichtmöglichkeiten vom hinteren Sitz zu verbessern. Ausgestiegen wird wie üblich zur linken Seite, wozu vorn eine Metall-Leiter am Flugzeug befestigt wird. Der Raum zwischen Leiter und Tragflügel wird mit einer einzuhängenden Arbeitsbühne überbrückt.

Der Strahltrainer Su-22U

Schul- und Übungsflugzeug
Su-22U

Von der Konstruktion her ist die Su-22 ein freitragender Ganzmetall-Mitteldecker, dessen wesentlichste Elemente aus Aluminiumlegierungen und Titan bestehen. Der Rumpf ist eine Halbschalenkonstruktion mit fast kreisförmigem Querschnitt. Im vorderen Rumpfteil befinden sich der Lufteinlauf (bei Su-22U mit verstellbarem Kegel), die Nische für das Bugrad, die hermetisierbare Pilotenkabine, der Verdichter des Triebwerkes, Kraftstoffbehälter sowie Aggregate, Zubehör und Geräte. Der hintere Rumpfteil läßt sich vom vorderen trennen, um den Triebwerkwechsel oder Instandsetzungsarbeiten vornehmen zu können. Am Rumpfhinterteil sind vier aerodynamische Bremsen installiert. Über dem Gasaustritt des Schubrohres befinden sich der Behälter für den Bremsschirm, das Heckschutzwarngerät Syrena-3 sowie Antennen der elektronischen Ausrüstung.

Der Tragflügel besteht aus dem fest mit dem Rumpf verbundenen Flügelteil (Pfeilung 63°, mit Spaltklappe versehen) und aus den zwischen 30° und 63° schwenkbaren Flügelenden. In den Wurzeln des festen Teils ist je Seite eine Kanone NR-30 installiert. Dieser Tragflügelabschnitt ist äußerlich an den beiden über die gesamte Tragflügeltiefe verlaufenden Grenzschichtzäunen zu erkennen, zu denen parallel je zwei Versteifungsrippen verlaufen. Die über die Vorderkanten herausragenden Grenzschichtzäune gehen in je einen Träger für Außenlasten über. Jeweils zwischen Rumpf und äußerem Grenzschichtzaun befin-

Bei der Su-22 kann eine Arbeitsbühne an der Seite befestigt werden

Die Su-22U hat im Unterschied zur Su-22 nur eine 30-mm-Kanone

det sich ein kürzerer Grenzschichtzaun, der nur über den Vorderflügel reicht, aber ebenfalls nach vorn übersteht und unter dem Tragflügel wiederum einen Außenlastträger aufweist.

Zum Starten sowie zum Landen werden die beweglichen Tragflügelenden in die 30°-Stellung gefahren. In der 63°-Stellung wird bei hohen Geschwindigkeiten geflogen. Ohne Außenlasten und mit einer Kraftstoff-Füllung von 60 Prozent (einen Teil des Kraftstoffes nehmen die Tragflügel auf) kann eine Geschwindigkeit von 2,09 Mach (2220 km/h) erreicht werden. Die beweglichen Tragflügelteile sind mit dem unbeweglichen durch ein Gelenk verbunden. Eine weitere Verbindung stellt ein wagenartiges Element dar, das sich auf einer Schiene bewegt. So fahren Teile des Außenflügels bei der Schwenkung in die Hohlräume des Tragflügelmittelstückes ein.

Das Seitenleitwerk nimmt im oberen Teil zwei Antennen auf (darunter die UKW-Antenne), ohne die äußere Form der Konstruktion zu verändern. An den Randbögen der immer gleichsinnig ausschlagenden Flossenruder befinden sich je ein Flatter-Gegengewicht sowie ein Statikableiter. Die robuste Konstruktion des Flugzeuges sowie das Fahrwerk (steuerbares Bugrad, ölpneumatische Stoßdämpfer, Radbremsen) sichern Starts und Landungen auch von bzw. auf Rasenplätzen. Als Antrieb dient ein vom Konstruktionsbüro A. Ljulka entwickeltes Strahltriebwerk AL-21F-3 mit einem 14stufigen Axialverdichter und Nachbrenner. Neben dem Kraftstoffvorrat in Rumpf- und Tragflügelbehältern kann in vier Zusatzbehältern (zwei unter dem Rumpf, einer unter jedem Tragflügel) Kraftstoff mitgeführt werden.

Die elektronische und navigatorische Ausrüstung der Su-22 ist äußerst umfangreich. Da es sich vorwiegend um neueste Geräte handelt, sind darüber keine genauen Angaben veröffentlicht worden. In der Fachpresse sozialistischer Länder verlautete bisher lediglich, daß eine kombinierte Navigations- und Bordrechneranlage den Gefechtseinsatz gegen Punktziele wirkungsvoll unterstützt, daß automatische Systeme für die Flugzeugführung selbst in geringen Höhen, aktive und passive Störsysteme sowie eine Vorrichtung vorhanden sind, die den Flugzeugführer über das Auffassen durch Funkmeßstationen ebenso informiert wie über den Start von Fla-Raketen. Außerdem veranlaßt das Gerät ein Antiraketenmanöver. Für die Ziel- und Waffenleitanlage bediente man sich der Funkmeß- und Lasertechnik. Möglich ist die Mitnahme unterschiedlicher Bomben- und Raketenarten sowie die Kombination von Abwurfmunition, Kraftstoffbehältern, Kanonengondeln sowie Raketen zum Bekämpfen von Bodenzielen und zur Selbstverteidigung.

Mehrzweckhubschrauber Mi-2

Die ersten Mehrzweckhubschrauber Mi-2 erhielt die NVA im Jahre 1972. Wie vielseitig dieser Helikopter verwendbar ist, mag die Tatsache belegen, daß er in 24 Varianten hergestellt wird. So kann der Mi-2 in der NVA in der Passagiervariante (Mi-2S) in der Kabine acht Fluggäste aufnehmen, wobei einer auf einer Klappe an der Rückwand sitzt. Die sechs anderen Passagiere sitzen in zwei Reihen Rücken an Rücken. Während die in Flugrichtung Sitzenden über die vordere Steuerbordtür in den Hubschrauber gelangen, betreten ihn die rückwärts zur Flugrichtung sitzenden Personen von Backbord. Der Hubschrauberführer benutzt die vordere Backbordtür. Als leichter Transporter kann der Mi-2 bis zu 700 kg Fracht im Innenraum oder 800 kg im Außenlastflug befördern. Es ist auch möglich, vier Kranke (zwei auf Tragen, zwei sitzend) und einen Sanitäter an Bord zu nehmen. Eine Elektrowinde mit einer Tragfähigkeit von 120 kg gestattet es, den Hubschrauber über Gewässern oder schwierigem Gelände zu Rettungsarbeiten zu benutzen. Er eignet sich auch zum Absetzen von Fallschirmspringern. Besondere Ausrüstungen lassen es zu, den Mi-2 über radioaktivem Gelände zur Strahlungsaufklärung, ansonsten als Artillerie- oder Fotoaufklärer (Mi-2F) und natürlich für vielfältige Verbindungsaufgaben zu verwenden.

Der Mi-2 ist in der Lage, am Tage und in der Nacht unter schwierigen Wetterbedingungen zu fliegen. Dafür besitzt er die notwendige Funk-, Navigations- und Flugüberwachungsausrüstung. Es ist mit ihm auch uneingeschränkt möglich, Hubschrauberführer auszubilden. Dafür besitzt er aus ökonomischen Gründen in den Luftstreitkräften der NVA eine besondere Bedeutung. Für diese Aufgabe ist der Mi-2 mit einer Doppelsteuerung ausgerüstet; die wesentlichen Bedienelemente sind auch für den Fluglehrer verfügbar.

Langjährige Ausbilder der Luftstreitkräfte der NVA betonen: Nach den bisherigen Erfahrungen können die Flugschüler den Mi-2 in relativ kurzer Zeit sicher steuern. Zugleich erhalten sie damit sehr gute Voraussetzungen, um auf einen anderen Hubschraubertyp umzuschulen. Die Sichtverhältnisse aus dem Hubschrauber werden als ausgezeichnet charakterisiert.

Dieser Hubschraubertyp bewies in allen Varianten im bisherigen jahrelangen Dienst seine gute Eignung für die verschiedensten Aufgaben sowie eine hohe Flugsicherheit. Ohne Komplikationen in der Steuertechnik erreicht er eine zulässige Geschwindigkeit von 210 km/h und eine Flughöhe von 4000 m. In Abhängigkeit von der Beladung beträgt die Reichweite 160 bis 580 km. Mi-2 werden auch von den Grenztruppen der DDR (mit Doppelsteuerung und 1. sowie 2. Hubschrauberführer) sowie von der Deutschen Volkspolizei geflogen.

Gegenüber den in der NVA verwendeten Vorgängern Mi-1/SM-1 konnten mit dem Mi-2 Zuladung und Geschwindigkeit, Manövrierfähigkeit und Flugsicherheit bedeutend gesteigert werden. Eine gewisse äußere Ähnlichkeit des Mi-2 als Leichthubschrauber der zweiten Generation ist zum dreisitzigen Vorläufer Mi-1 (in Polen als SM-1 in Lizenz produziert)

Mi-2S im Kettenflug

Gesamtansicht des Mi-2S

Mehrzweckhubschrauber
Mi-2

festzustellen. Der noch als W-2 bezeichnete Prototyp des Mi-2, des ersten serienmäßigen Hubschraubers dieser Klasse mit zwei Turbinentriebwerken, wurde der Öffentlichkeit im Herbst 1961 durch das Entwicklungsbüro des Chefkonstrukteurs Michail Leontjewitsch Mil (1909 bis 1970) vorgestellt. In den äußeren Abmessungen stimmte dieser Hubschrauber mit denen des Vorgängers Mi-1 überein. Da die Konstrukteure jedoch die Triebwerke, das Hauptuntersetzungsgetriebe sowie verschiedene andere Geräte und Aggregate über den Rumpf verlegt hatten, war die Kabine geräumiger geworden (2,93 m × 1,48 m × 1,50 m).

Der Hubschrauber ist eine Ganzmetallkonstruktion (Stringerbauweise mit Behäutung aus Duralblechen). Der Rumpf – hergestellt aus vorgefertigten, für den rationellen Serienbau und die Reparatur gleichermaßen günstigen Halbschalen – besteht aus Bug mit Cockpit, Mittelteil und Heckrotorträger. Der Kraftstoffvorrat von 600 l ist in Kabinenmitte in einem flexiblen Tank untergebracht. Außenbords können zwei Zusatzbehälter mit je 238 l Fassungsvermögen befestigt werden. Die mit Rotorbremse, hydraulischen Schwenkdämpfern und elektrischer Enteisungsanlage ver-

Mehrzweckhubschrauber Mi-2

Blick von links in den Passagierraum

sehene dreiblättrige Tragschraube sowie die ebenfalls elektrisch zu enteisenden beiden Blätter der Heckschraube bestehen aus geklebtem Metall. Die linke Frontsichtscheibe der Kabine wird elektrisch beheizt. Cockpit und Passagierkabine sind klimatisiert.

In Höhe des Notsporns befinden sich am Heckträger verstellbare horizontale Stabilisatoren. Das nicht einziehbare, mit pneumatischen Bremsen und ölpneumatischer Dämpfung versehene Fahrwerk ist an der Bugstrebe doppelt, an den seitlichen Streben einfach bereift. Zusätzlich zu den Rädern können im Winter Schneekufen befestigt werden.

Bereits vor Aufnahme der Serienproduktion machte der Hubschrauber auf sich aufmerksam: Am 14. Mai 1963 erflog B. Anopow mit dem W-2 auf einer geschlossenen 100-km-Strecke mit 253,818 km/h Durchschnittsgeschwindigkeit einen Weltrekord. Eine Frauen-Weltbestleistung erreichte Tatjana Russijan am 20. Juni 1965 auf gleichem Kurs mit einer Durchschnittsgeschwindigkeit von 269,380 km/h.

Nach Verhandlungen zwischen der UdSSR und der VR Polen kam es im Januar 1964 zu einem Lizenzabkommen, wonach das polnische Werk WSK Swidnik die alleinige Fertigung des Mi-2 übernahm. Dieses Werk hatte bereits den SM-1 sowie dessen Weiterentwicklung SM-2 in Serie gebaut. Zunächst sollte der Mi-2 in Polen SM-3 genannt werden, davon nahm man jedoch Abstand. Der erste, noch aus in der UdSSR gefertigten Baugruppen in Swidnik montierte Mi-2 startete am 26. August 1965 mit einer sowjetischen Besatzung (Karapetian/Beloussow) zum Erstflug. Der erste völlig in Polen hergestellte Mi-2 hob am 4. November 1965 ab (Besatzung: Wieslaw Mercik, Kazimierz Moskowicz, Henryk Jaworski). Die Lizenzproduktion der Triebwerke GTD-350 mit einer Startleistung von je 295 kW übernahm das Werk WSK Rzeszow. Am 1. Juli 1974 startete die verbesserte Version Mi-2M mit den Triebwerken GTD-350P (je 332 kW) zum Erstflug.

Nach Berichten der polnischen Fachpresse zeugte der schnelle Produktionsbeginn des Hubschraubers Mi-2 von dem großen Engagement sowie vom hohen Stand an Erfahrungen der Belegschaften jener Betriebe, die die Lizenzfertigung übernahmen. Große Anstrengungen waren nötig, weil ganz neue Technologien zu meistern waren: das Kleben von Metallen, chemisches Fräsen, Bearbeiten der Holme von Tragschraubenblättern, Oberflächenhärtung durch Kugelstrahlen, Oberflächenanodierung als Korrosionsschutz leichter Legierungen, Verschweißen von Duralumi-

nium, Bearbeitung mit Elektroerosion, Formgebung, Bearbeitung und Schweißen von Titan, das Verwenden von Epoxidemaillen.

Bis Ende 1986 sind über 5000 Mi-2 aller Versionen für den zivilen und militärischen Bedarf geliefert worden. Die Luftstreitkräfte Polens übernahmen den Typ im März 1968. Inzwischen werden Mi-2 außer in Polen (spezieller Sanitätshubschrauber als Mi-2R) und in der DDR auch in der UdSSR, in Bulgarien, in der ČSSR, in Jugoslawien, im Irak, in Libyen und in Ungarn geflogen. In der UdSSR werden Mi-2 auch als Bordhubschrauber großer Schiffe – so von Eisbrechern – oder von Grenzwachtschiffen verwendet.

Die Serienproduktion des Mi-2 wird fortgesetzt.

Die Hubschrauberführerkabine

Mehrzweckhubschrauber Mi-2 bewaffnet

Bei Truppenübungen und Manövern waren Mi-2 der Armeefliegerkräfte der NVA gelegentlich mit an der linken Seite des Rumpfes angebrachten Waffen zu sehen, während an der rechten Rumpfseite ein Kraftstoffzusatzbehälter befestigt war. Dabei handelte es sich in der Regel um Mi-2 mit folgenden Bewaffnungsvarianten:

- Zwei versetzt übereinander angeordnete 7,62-mm-Maschinengewehre PKT (System Kalaschnikow für Patronen 7,62×54 R, Feuergeschwindigkeit 650 Schuß/min, v_0 825 m/s, Visierschußweite 1500 m, Munitionsvorrat je Waffe 500 Patronen, Gesamtmasse 66 kg).
- Halterung für eine Kassette Mars-2 mit 16 ungelenkten Raketen S-5 (Mars-2: polnische Ausführung der sowjetischen Behälter UB-16-57-UD, Masse 54 kg, Länge 1,607 m, Durchmesser 335 mm; auch verwendet für den Jagdbomber MiG-17F). Die ungelenkten Raketen werden in den Ausführungen S-5M oder S-5K verwendet, Kaliber jeweils 57 mm. Sie können paarweise oder in Salve gestartet werden. Die 3,86 kg schwere, 822 mm lange S-5M erreicht eine Geschwindigkeit von 675 m/s. Nach Verlassen der Kassette klappen

Mi-2T mit Kraftstoffzusatzbehälter und Waffenaufhängung

Zwei 7,62-mm-Maschinengewehre sind montiert

die Stabilisierungsflächen (Durchmesser 232 mm) der ungelenkten Raketen auf. Die Rakete hat einen Aufschlagzünder und eine Splittersprengladung. Gegen gepanzerte Ziele ist die mit einer kumulativen Ladung versehene Version S-5K gedacht. Sie ist etwas länger und leichter als die S-5M.

Für beide Bewaffnungsarten ist das in der Mi-2-Kabine montierte Hubschrauber-Kollimator-Visier PKW geeignet, das 1,9 kg wiegt.

Erste Versuche, den Mi-2 zu bewaffnen, wurden 1973 in Polen unternommen. Im Jahre 1974 erschienen dann erstmals während der Parade zum 30. Jahrestag der VR Polen bewaffnete Mi-2 in der Öffentlichkeit.

Begünstigend dafür, den Mi-2 mit geeigneten Waffen sowie den notwendigen Zielvorrichtungen auszurüsten, wirkte sich der Einbau der Gasturbinentriebwerke mit Losturbine aus. Gegenüber dem Kolbenmotor weist der direkt unter der Tragschraube gelegene Turbinenantrieb eine geringere Vibration auf, wodurch sich die Treffsicherheit erhöhte. Nicht unmaßgeblich ist neben der größeren Zuladung auch, daß die Besatzung bessere Sichtbedingungen hat.

Gegenüber den oben beschriebenen Bewaffnungsvarianten nannte und zeigte die polnische Fachliteratur andere.

Die beiden ersten Varianten wurden 1973 von einer Mi-2-Besatzung unter Leitung von Major A. Przydatek erprobt. Es handelte sich dabei um eine Ausführung mit Schußwaffen (links unten am Rumpf eine 23-mm-Flugzeugkanone NS-23KM, gegenüber vier 7,62-mm-MG PK, im Laderaum zwei weitere, aber beweglich installierte MG PKT) und um die Aus-

Bewaffnungsvarianten des Mehrzweckhubschraubers Mi-2:

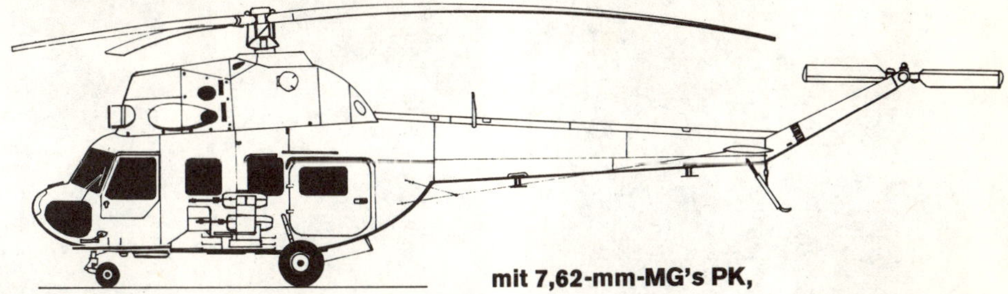

mit 7,62-mm-MG's PK,

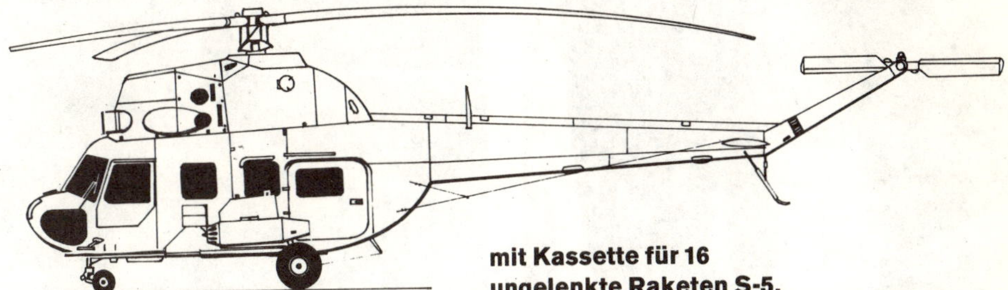

mit Kassette für 16 ungelenkte Raketen S-5,

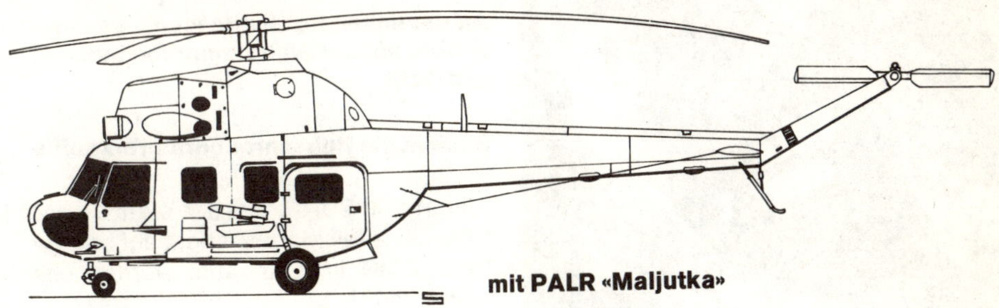

mit PALR «Maljutka»

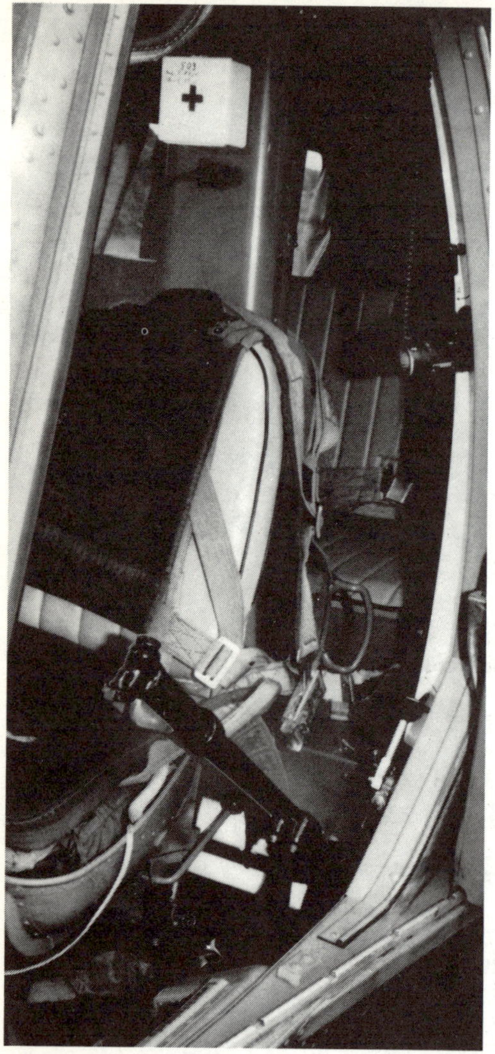

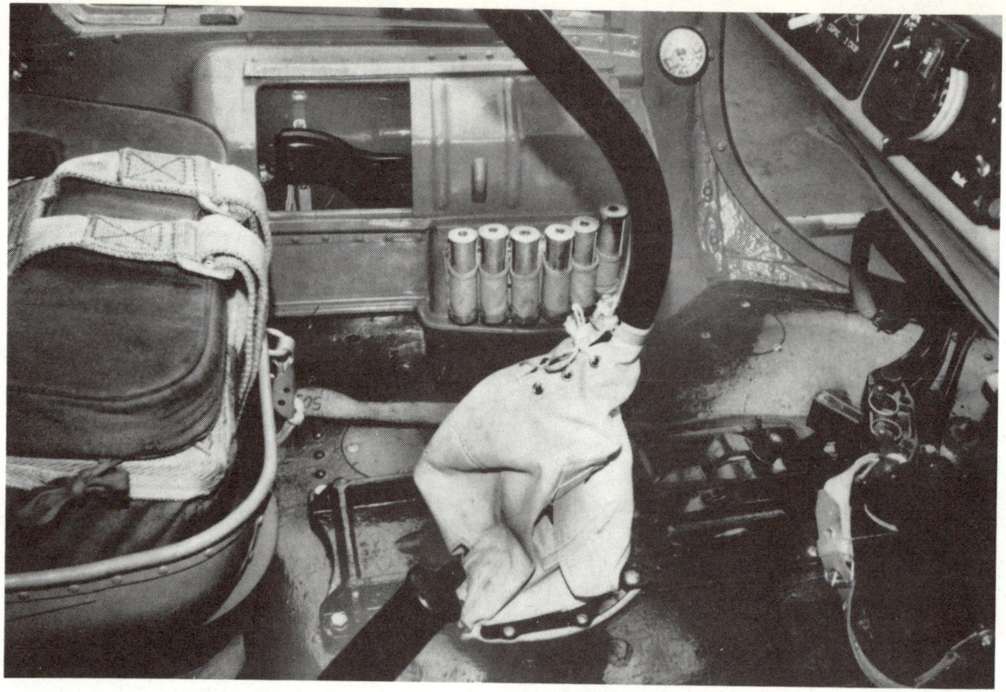

An der linken Bordseite ist die Leuchtpistole mit der Signalmunition untergebracht

Blick in die Hubschrauberführerkabine

führung Mi-2URN, bei der statt der vier MG zwei Behälter Mars-2 angebaut wurden. Die beiden MG im Laderaum wurden ebenfalls mitgeführt.

Im Jahre 1976 war die Ausführung Mi-2URP verfügbar, die an seitlichen Auslegern je zwei Panzerabwehrlenkraketen 9M14M «Maljutka» (Masse 10,9 kg, Länge 860 mm, Durchmesser 125 mm, Spannweite 393 mm, mittlere Geschwindigkeit 120 m/s, vom Operateur aus der Kabine gegen Bodenziele im Bereich von 500 m bis 3000 m über Draht gelenkt) aufwiesen. Im Rumpf werden bei dem Mi-2URP vier weitere Raketen mitgeführt. Die Gesamtmasse der zusätzlichen Ausrüstung in der Panzerabwehrvariante beträgt 132 kg.

Um Bodenziele im gezielten Bombenwurf zu vernichten, kann der Mi-2 zwei Bomben bis

Ein Mi-2T vor dem Start

100 kg mitführen. Im Verlauf der Jahre wurden aus der polnischen Fachpresse Kombinationen unterschiedlicher Bewaffnungen bekannt. Im Herbst 1987 wurde in der VR Polen berichtet, daß der Mi-2 in der Ausführung als Jagdhubschrauber je Seite mit zwei Einmann-Fla-Raketen «Strela» und je zwei Panzerabwehrraketen «Maljutka» bewaffnet worden ist und die Erprobungen erfolgreich verlaufen sind. Mit den etwa 500 m/s schnellen Fla-Raketen lassen sich Luftziele bis auf eine Entfernung von 4 bis 5 km bekämpfen.

Obwohl der Mi-2 mit einer Vielzahl von unterschiedlichen Waffen auszurüsten ist, ordnet man ihn dennoch nicht den Kampfhubschraubern zu, sondern zählt ihn zu den bewaffneten Hubschraubern.

Kampfhubschrauber Mi-8TB

Der Mehrzweckhubschrauber Mi-8 ist vom Konstruktionsbüro M. L. Mil wiederholt modifiziert und weiterentwickelt worden. Zu den Modifikationen zählen der bewaffnete militärische Transporthubschrauber Mi-8T sowie der Passagier- oder Salon-Helikopter Mi-8S. Beide wurden im Band «Flugzeuge und Hubschrauber der NVA von 1956 bis 1970» beschrieben. Äußerlich vom Mi-8 nur durch die Antennen zu unterscheiden ist der Mi-9. Er ist im Inneren für Führungsaufgaben anders ausgestattet. Als erster sowjetischer Amphibienhubschrauber wurde vom Mi-8 der Mi-14 abgeleitet.

Im Jahre 1976 ist ein als Mi-18 bezeichneter Hubschrauber erprobt worden, der die Zelle des Mi-8 sowie den Antrieb und die Tragschraube des Mi-14 erhalten hatte. Die Weiterentwicklung des Mi-18 ist der erstmals zum 34. Pariser Luftfahrtsalon im Jahre 1981 vorgestellte Hubschrauber Mi-17, von dem es inzwischen auch eine Kampfhubschrauberausführung gibt. Sie ist ähnlich bewaffnet wie der vom Mi-8T abgeleitete Kampfhubschrauber Mi-8TB.

Von dem mit insgesamt vier Raketenbehältern UB-16 (je 16 ungelenkte Luft-Boden-Raketen S-5 unterschiedlicher Modifikation, Kaliber 57 mm) ausgestatteten Transporthubschrauber Mi-8T unterscheidet sich der Mi-8TB äußerlich vor allem durch die weitaus stärkere Bewaffnung. Sie besteht aus dem 12,7-mm-MG A-12,7 im Bug sowie gelenkten und ungelenkten Raketen an den seitlichen Auslegern. Das nach der Höhe und nach der Seite bewegliche Bug-MG (Masse 28 kg, Feuergeschwindigkeit 800 bis 1100 Schuß/min, v_0 785 bis 820 m/s, Kampfsatz 700 Patronen) wird von dem zwischen den Hubschrauberführern sitzenden Bordtechniker bedient. Dem ersten Hubschrauberführer auf der linken Cockpitseite obliegt es, Bodenziele mit Hilfe der ungelenkten S-5 (je Seite drei Behälter UB-32 mit je 32 Raketen, insgesamt 192 Raketen, Kaliber 57 mm) zu bekämpfen. Der zweite Hubschrauberführer (Operateur) setzt die Panzerabwehrlenkraketen (je Seite drei) ein. Die dazu notwendige Zielauffassungs- und Feuerleiteinrichtung befindet sich unmittelbar vor seinem Sitz. Der Mi-8TB kann außerdem aus dem Horizontalflug mit Bomben bis 500 kg Ziele am Boden bekämpfen. Dafür ist der rechts sitzende Operateur ver-

Ein Mi-8TB; die Halterungen für die PALR sind leer

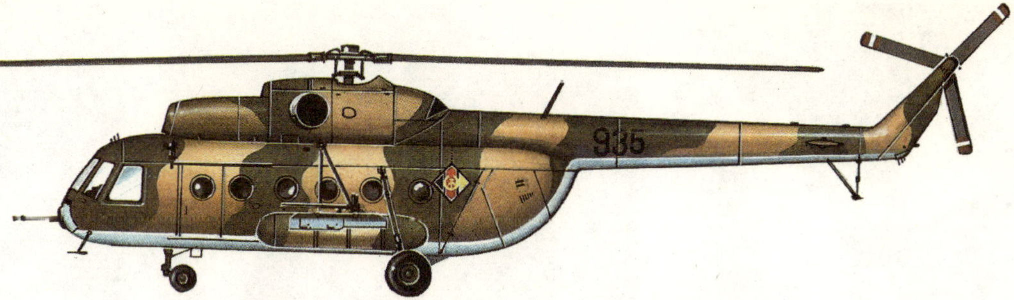

Kampfhubschrauber
Mi-8TB

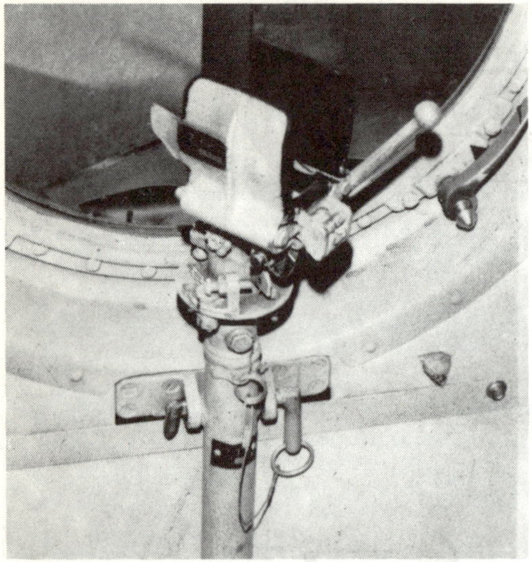

MPi-Halterung im Laderaum eines Mi-8TB

antwortlich. Er bedient das optische Bombenvisier.

Die Art der Bewaffnung des Mi-8TB ist an Hubschraubern des Typs Mi-4 erprobt worden. Das belegt ein in dieser Form bewaffneter Mi-4A, der heute zu den Exponaten des Zentralen Armeemuseums der UdSSR in Moskau zählt.

Im Mi-8TB mitgeführte mot. Schützen haben die Möglichkeit, ihre persönlichen Waffen (MPi/IMG) in den Halterungen unter den Seitenfenstern bzw. in der geöffneten Tür zu befestigen und damit während des Fluges Ziele auf dem Boden zu bekämpfen. Wie die anderen Mi-8-Ausführungen kann auch der Mi-8TB neben den standardmäßigen 1830 l Kraftstoff im Rumpf zusätzlich Kraftstoff im Laderaum mitführen (1 Behälter mit 915 l). Auch der Mi-8TB ist mit der großen Heckladeluke und der Auffahrrampe versehen, um als Transporthubschrauber vielfältige Aufgaben über Land und See auszuführen.

Das MG A-12,7 eines Mi-8TB wird aufmunitioniert

Blick auf den Platz des Bordtechnikers eines Mi-8TB

Die Raketenkassetten können durch Bomben ersetzt werden

Im Aufbau unterscheidet sich der Mi-8TB nicht wesentlich vom Mi-8T. Insgesamt – so Berichte der Fachpresse – hat die Flugzeugindustrie der UdSSR bis etwa Anfang 1987 rund 8000 Mi-8 aller Versionen hergestellt und davon etwa 1500 in 40 Länder der Erde ausgeführt. In den Streitkräften der DDR wird der Mi-8TB seit 1977 von den Armeefliegerkräften als Kampfhubschrauber verwendet. Etwas später wurde er auch von den Seefliegerkräften übernommen, da er sich ebenfalls für zahlreiche maritime Aufgaben verwenden läßt. Dazu zählen die Suche und das Bekämpfen von Überwasserzielen oder Zielen an der Küste, die Seenotrettung oder vielfältige Aufgaben des Transport- und Kurierdienstes.

Ähnliche Aufgaben wie in der NVA erfüllt der Mi-8 seit 1968 auch in den Streitkräften der VR Polen.

U-Jagdhubschrauber Mi-14PL

Forderungen der sowjetischen Streitkräfte nach einem speziell für den Einsatz über See verwendbaren Hubschrauber sowie die jahrelangen Erfahrungen mit dem turbinengetriebenen Typ Mi-8 veranlaßten das Konstruktionsbüro M. L. Mil zu Beginn der 70er Jahre, einen solchen Hubschrauber zu entwickeln. Seine Bezeichnung lautete Mi-14. Im Jahre 1973 wurden die Prototypen getestet, und im Jahre 1977 begann der Zulauf dieses ersten schwimmfähigen Hubschraubers der UdSSR zu den landgestützten Einheiten der sowjetischen Seefliegerkräfte.

Diese Mi-14 verfügten noch ebenso wie die Prototypen und die Hubschrauber der Serie Mi-8 über je zwei Gasturbinentriebwerke mit Losturbine TW2-117 (Startleistung je 1267 kW). Ein weiteres äußeres Merkmal der Prototypen und der ersten Mi-14-Serienmuster war die Heckschraube auf der rechten Seite des Heckträgers. In alle späteren Serienhubschrauber baute man die leistungsstärkeren Triebwerke TW3-117M mit einer Startleistung von je 1455 kW ein. Sie weisen wie die Triebwerke der Hubschrauber Mi-24 und Mi-17 kleinere Verkleidungen auf, und die Heckschraube befindet sich auf der linken Seite.

Das Vierstreben-Fahrwerk des Mi-14 ist einziehbar. Unter das Heck montierte man einen Stützschwimmer. Der untere Teil des Rumpfes hat einschließlich der Funkmeßkuppel im Bug eine bootsähnliche Form erhalten, um den Start von und die Landung auf der Wasseroberfläche zu ermöglichen. Die seitlichen Rumpfwülste tragen an den Enden unter den hochklappbaren Seitenblechen aufblasbare Stützschwimmer, wodurch sich die Lage auf dem Wasser stabilisieren läßt.

Der Rumpf ist eine Ganzmetallkonstruktion in Halbschalenbauweise. Eine Winde über der links eingebauten Schiebetür ermöglicht die Aufnahme und das Absetzen von Lasten während der Standschwebe. Beispielsweise kann die Winde auch zur Aufnahme geretteter Personen verwendet werden. Die fünfblättrige Tragschraube sowie die dreiblättrige Heckschraube haben eine elektrische Enteisungsanlage.

Grundsätzlich ist der Hubschraubertyp dafür entworfen worden, über See Aufklärungs-

Der U-Jagdhubschrauber Mi-14PL

Ein Mi-14PL im Anflug; die Schwimmer sind aufgeblasen

aufgaben, die Suche und Bekämpfung von Unterwasserfahrzeugen (UAW), die Suche und das Räumen von Minen (MAW) sowie Aufgaben der Seenotrettung zu erfüllen. Da alle diese Aufgaben nicht von einer Ausführung gleichermaßen gut zu übernehmen sind, hat das Mil-Kollektiv unterschiedliche Versionen entwickelt, von denen bisher drei bekannt sind: Mi-14PL (PL – russ. für U-Bootabwehr), Mi-14BT (BT – russ. für Zugmittel für Minenräumgerät) und Mi-14PS (PS – russ. für Suchen und Retten).

Generell liegt im Mi-14 hinter dem Cockpit mit den beiden Hubschrauberführern und dem zwischen ihnen sitzenden Bordtechniker der Raum mit den speziellen Geräten bzw. zur Aufnahme von Geretteten oder Frachten, während der Raum für den Kraftstoffzusatzbehälter sowie für Hilfsanlagen für die Ausrüstung (in der UAW-Variante Mi-14PL beispielsweise die hydroakustische Anlage sowie die Winden der hydroakustischen Anlage und des Magnetortungsgerätes) den Abschluß des Rumpfes bildet.

In den Seefliegerkräften der NVA nahm der Hubschraubertyp Mi-14PL ab Ende der 70er Jahre den Platz des früher verwendeten U-Jagdhubschraubers Mi-4MÄ ein. Gegenüber dem mit nur einem Kolbenmotor ausgerüsteten Mi-4MÄ zeichnet sich der Mi-14PL durch eine Reihe modernerer Anlagen zur U-Bootsuche, -begleitung und -bekämpfung aus. Die besseren Navigationsanlagen des Mi-14PL ermöglichen den Einsatz über See mit

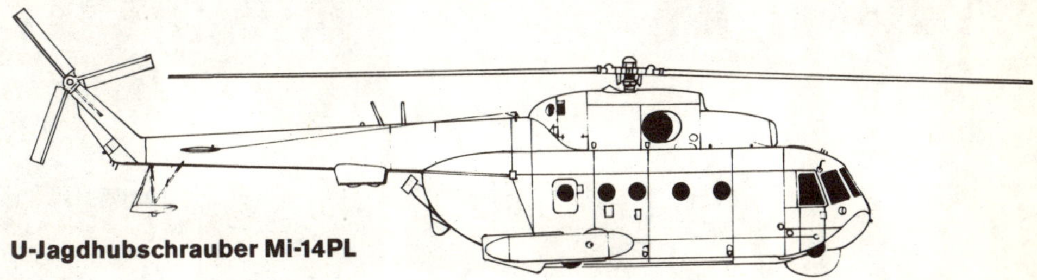

U-Jagdhubschrauber Mi-14PL

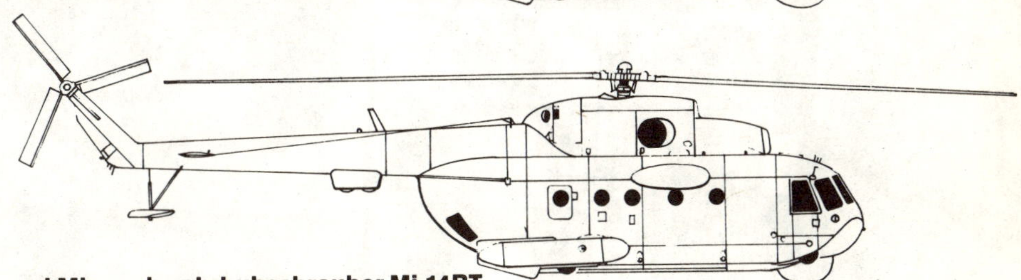

und Minenabwehrhubschrauber Mi-14BT

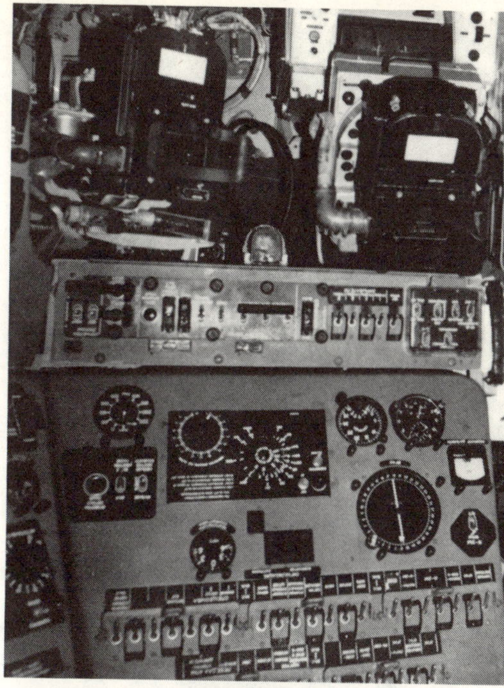

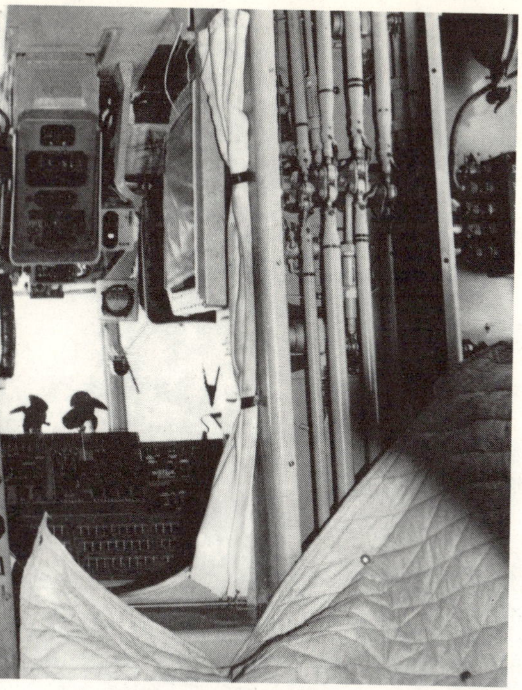

Der Platz des Operateurs

Blick aus dem hintersten Raum nach vorn

einer sehr hohen Genauigkeit. Wie der Mi-4MÄ, so kann auch der Mi-14PL in der Such- oder in der Schlagvariante eingesetzt werden.

Die Spezialausrüstung der Hubschrauber Mi-14PL umfaßt: Panoramafunkmeßstation, Zieldatenrechner, Datenübertragungsanlage, Empfangsanlage für die Signale der hydroakustischen Funkbojen (HAFB), absenkbare hydroakustische Anlage (AHAA) und Magnetortungsgerät (MOG). Mi-14PL in der Suchvariante haben zusätzlich HAFB an Bord, da sie bei der Suche nach und bei der Begleitung von aufgespürten U-Booten abgeworfen werden. Auf diese Art läßt sich das hydroakustische und das magnetische Feld von Unterwasserfahrzeugen erkunden.

In der Schlagvariante hat der Mi-14PL Torpedos oder Wasserbomben in einem verschließbaren Rumpfschacht an Bord. Die notwendigen Werte zum Anflug des Zielraumes liefert die Datenübertragungsanlage des Suchhubschraubers. Den Anflugkurs und den Zeitpunkt des Wasserbombenabwurfes ermittelt der Zieldatenrechner, während das automatische Steuerungssystem den Zielanflug übernimmt. Vom Suchhubschrauber wird das Ergebnis des Waffeneinsatzes registriert.

Minenabwehr-hubschrauber Mi-14BT

Seit Mitte der 80er Jahre verwenden einzelne Flotten der sozialistischen Länder den Hubschrauber Mi-14BT zum Suchen und Räumen von Minen in See- und Küstengebieten. Das Kürzel BT (Zugmittel für Minenräumgerät) deutet darauf hin, wie dieser Vorgang in der Praxis abläuft: Der Hubschrauber übernimmt von dem in See befindlichen MAW-Schiff das Räumgerät. Zu diesem Zweck ist das Heck des Mi-14BT gegenüber dem der anderen Mi-14-Versionen dahingehend geändert worden, daß mit Hilfe zweier größerer Fenster auf der linken Heckseite und eines kleineren, dreieckigen Fensters auf der linken Seite Sicht nach hinten besteht. Eine große Luke im Heck

Ein Mi-14BT von hinten

Ein Mi-14BT von vorn links

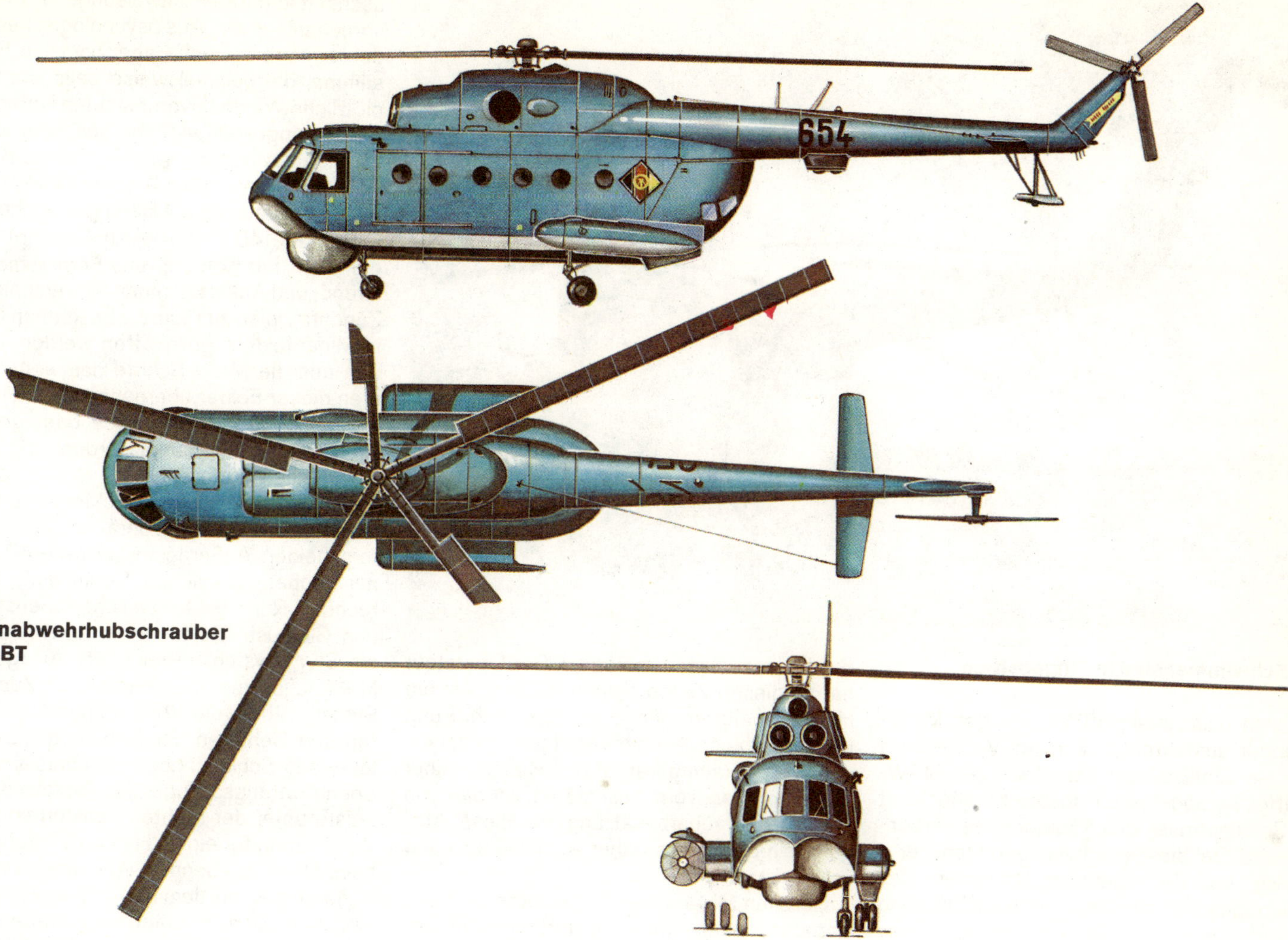

Minenabwehrhubschrauber
Mi-14BT

Die Schwimmer sind in Flugposition

läßt sich nach innen öffnen, um den MAW-Ausleger ausfahren zu können. Von diesem wird ein Stahlseil auf das Heck des MAW-Schiffes herabgelassen, dessen Endstück mit der Schlepptrosse des Räumgerätes verbunden wird. Bei diesem schwierigen Manöver – ebenso bei der späteren Übergabe des Schleppgeschirrs an das Schiff nach Erfüllung der Aufgabe – wird der Hubschrauberführer von dem Operateur durch Hinweise über die Bordsprechanlage unterstützt. Der Operateur hat zu diesen Zeiten seinen Arbeitsplatz am Heck, um alle Vorgänge auf dem Schiff und um das Schleppgeschirr verfolgen zu können.

Mit dem Räumgerät ist der Hubschrauber in seinen Manövern beschränkt, so daß von der Hubschrauberbesatzung für diese Aufgabe ein besonders hoher Ausbildungsstand verlangt wird.

Bei allen Mi-14-Versionen schaltet sich der Sprechinformator während gefährlicher Fluglagen oder technischer Störungen automatisch mit konkreten Anweisungen in die Bordsprechanlage ein. Aus psychologischen Gründen handelt es sich dabei um eine Frauenstimme, die beispielsweise beim durch eine plötzliche Windböe verursachten Unterschreiten der eingestellten Sicherheitshöhe klar und deutlich auf Russisch zweimal sagt: «Gefährliche Höhe!» Auf diese Art sind zahlreiche weitere Informationen auf Band gespeichert.

Der Mi-14BT (MAW-Ausführung) ist in der Lage, mit Kontakt- und Fernräumgeräten Grund- und Ankertauminen mit verschiedenen Zündprinzipien zu räumen. Es können Gassen in Minenfeldern geschaffen werden, von denen aus die MAW-Schiffe das weitere Räumen dieser Felder übernehmen. Mit Hilfe von Bojen können zu räumende oder geräumte Gebiete gekennzeichnet werden.

Äußerlich ist der Mi-14BT vom Mi-14PL außer an den zusätzlichen Heckfenstern am fehlenden Magnetortungsgerät am Heck zu unterscheiden. Außerdem ist der Mi-14BT an einer großen, länglichen Verkleidung an der rechten Rumpfseite zwischen Fensterreihe und Gasaustrittsöffnung zu erkennen. Diese als SKW-System bezeichnete Anlage ist im Mi-14PL im Rumpf untergebracht. Zum SKW-System zählen die Vorrichtungen zum Belüften und Beheizen der Kabine, der Bombenluke, des Schlauchbootcontainers sowie der Seenotrettungsanzüge der Besatzung. Eine Leiste unter der rechten Fensterreihe ist die Verkleidung für einige Hydraulikleitungen, die beim Mi-14PL ebenfalls im Inneren verlaufen. Außerdem ist bei dem Mi-14BT am Heckträger zwischen der nach unten herausragenden kastenförmigen Verkleidung für das Doppler-

Vor der Übernahme des Suchgeschirrs durch einen Mi-14BT

Mi-14BT in Startposition

navigationssystem und dem Hubschrauberrumpf ein Scheinwerfer installiert, der zur optischen Signalisation bei der Übernahme des Schleppgeschirrs sowie als zusätzlicher Suchscheinwerfer dient.

Der Vollständigkeit halber sei erwähnt, daß der u. a. von den Seefliegerkräften der UdSSR sowie der VR Polen benutzte Rettungshubschrauber Mi-14PS an der breiteren Tür, am zusätzlichen Suchscheinwerfer beiderseits des Bugs sowie am hier ebenfalls nach außen verlegten SKW-System zu erkennen ist.

Kampfhubschrauber Mi-24D

Bei dem Truppenbesuch einer Delegation der Partei- und Staatsführung unseres Landes im Sommer 1979 wurden von den Armeefliegerkräften der NVA erstmals die Kampfhubschrauber Mi-24D vorgestellt. Demonstriert wurde bei diesem Besuch, daß die leistungsstarken, wendigen, unter allen Wetterbedingungen am Tage und in der Nacht verwendbaren und mit einer hohen Feuerkraft versehenen Mi-24D in der Lage sind, dicht über dem Erdboden zu handeln, Höhen und Senken, Wälder und Baumgruppen als Tarnung zu benutzen und so den Zielraum gedeckt anzufliegen.

Die Kampfhubschrauber können kurz aus der Deckung auftauchen, das Ziel anvisieren, die Raketen starten und bald wieder hinter der Deckung verschwinden. Beim Stellungswechsel der Artillerie können die Kampfhubschrauber zeitweilig deren Feueraufgaben übernehmen. Der Mi-24D transportiert im Inneren Lasten bis zu 1500 kg und Außenlasten bis zu 1800 kg. Er kann im Laderaum acht ausgerüstete mot. Schützen oder Luftlandesoldaten befördern. In kurzer Zeit läßt sich der Kampfhubschrauber zur Sanitätsvariante umrüsten, die im Laderaum zwei sitzende Verwundete und zwei weitere auf Tragen sowie einen Arzt aufnimmt. Mit der umfangreichen

Beladen eines Mi-24D mit PALR

Bewaffnung ist es möglich, Feuerstellungen und Feldbefestigungen, gepanzerte Fahrzeuge aller Art, lebende Kräfte sowie andere Bodenziele zu bekämpfen. Während des Manövers «Waffenbrüderschaft 80» demonstrierten Mi-24D-Besatzungen des Truppenteils «Adolf von Lützow» ihre Fähigkeit, einen Panzervorstoß abwehren zu können.

Fest verbunden mit dem Hubschrauber ist die unter dem Bug installierte 12,7-mm-Waffe JakB-12,7 (benannt nach ihren Konstrukteuren P. G. Jakuschew und B. A. Borsow), zu der ein elektrisch beweglicher MG-Stand USPU-24 sowie ein Block mit vier Läufen gehören. Mit dieser Waffe lassen sich Ziele bis in einer Entfernung von 1200 m bekämpfen. Mitgeführt werden 1470 Patronen des Kalibers 12,7 mm.

Die beiden parallel angeordneten Führungsschienen für halbautomatische Panzerabwehrlenkraketen (PALR) je Seite sind abwerfbar an den Tragflügelenden angebracht. Unter den Tragflügeln können je Seite zwei Behälter UB-32A für je 32 ungelenkte 57-mm-Raketen S-5 oder zwei Bomben bis 250 kg bzw. innen eine Bombe von 500 kg mitgeführt werden. Die Visiereinrichtungen des Mi-24D ermöglichen das Suchen, Erkennen und Begleiten von Zielen im gesamten Wirkbereich der PALR, das Schießen mit der vierläufigen Bugwaffe, das Bekämpfen von Zielen mit ungelenkten Raketen oder mit den Abwurfwaffen. Der Bordrechner für die Waffenanlage wertet die ballistischen Parameter aus, die durch Geber aufgenommen bzw. durch die Besatzung eingegeben werden.

Für das Bekämpfen von Zielen mit den

Ein Mi-24D zieht das Fahrwerk ein

PALR, für den Bombenwurf sowie für das Betätigen des beweglichen Maschinengewehrs ist der vorn sitzende Operateur verantwortlich, während der hinten und überhöht sitzende Hubschrauberführer die ungelenkten Raketen startet und das arretierte MG bedient. Er kann auch aus der hinteren Kabine den Bombenwurf übernehmen. In beiden Kabinen befinden sich die Bedien- und Kontrolleinrichtungen für die Waffenanlagen. Im Notfall kann der zweite Hubschrauberführer/Operateur die Steuerung des Mi-24D übernehmen.

Um die vielseitigen Aufgaben erfüllen zu können, ist der Kampfhubschrauber mit einer umfangreichen Funk- und Funkmeßausrüstung versehen. Dazu zählen die Bordsprechanlage SPU-8 (Verbindung der Besatzung untereinander, zu der auch noch ein nicht immer mitfliegender Bordtechniker gehört, der seinen Platz hinter dem Hubschrauberführer im Durchgang zum Laderaum hat), der Sprechinformator RI-65 (Magnetbandgerät mit Warninformationen bei Havariezuständen oder bei Unter- bzw. Überschreiten von Parametergrenzen, z. B. Sicherheitsflughöhe), Tonbandgerät MS-61 (zeichnet den Bordsprech- und den Funkverkehr auf, gehört zum System der objektiven Kontrolle) sowie eine Kurzwellen- und eine UKW-Funkstation. Dazu zählen weiterhin der automatische Funkkompaß ARK-15M als Peilempfänger für Funkfeuer und Rundfunksender im Lang- und Mittelwellenbereich, der automatische Funkkompaß ARK-2U zum Heranführen an eine UKW-Funksta-

Kampfhubschrauber
Mi-24D

tion, wie sie von Besatzungen havarierter Luftfahrzeuge verwendet wird. Außerdem ist der Mi-24D mit einem Funkhöhenmesser, einem Freund-Feind-Kennungsgerät, einem Warngerät (zeigt optisch und akustisch an, wenn der Hubschrauber in beliebiger Richtung von luft- oder bodengestützten Radargeräten aufgefaßt worden ist) sowie einer Dopplernavigationsanlage ausgestattet. Damit ist es möglich, u. a. die wahre Geschwindigkeit über Grund oder den Abdriftwinkel genau festzustellen oder auf einem Kartensichtgerät den Hubschrauberstandort automatisch angezeigt zu bekommen.

Ein umfangreiches Navigationssystem, das System der automatischen Hubschraubersteuerung sowie der Flugdatenschreiber komplettieren neben solchen Elementen wie Feuerlösch- und Enteisungsanlage die Ausstattung des Kampfhubschraubers.

Entgegen der ursprünglichen Ausrüstung

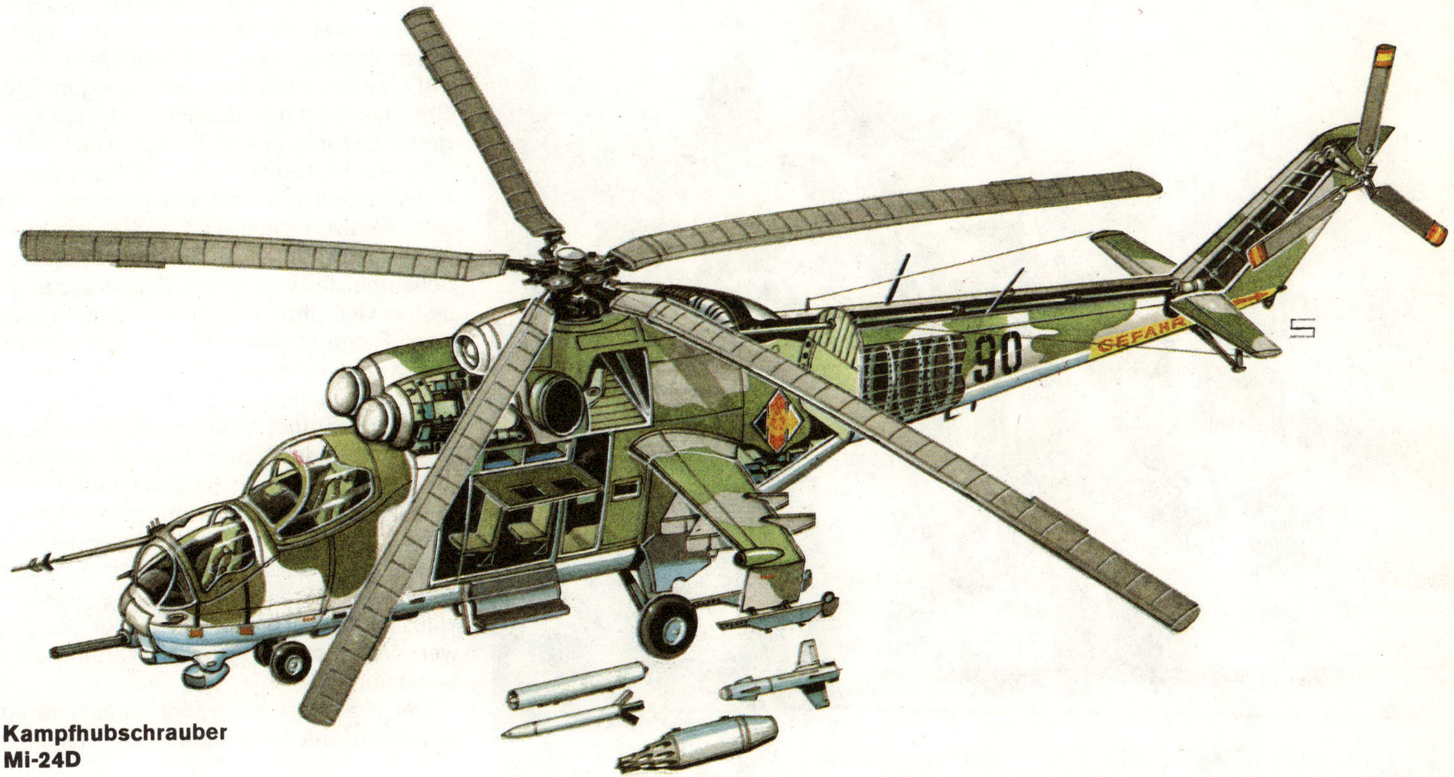

Kampfhubschrauber Mi-24D

sind die Mi-24D nachträglich zur Erhöhung der eigenen Sicherheit mit einigen Vorrichtungen versehen worden, zu denen ein Infrarot-Störstrahler oben am Heckträgeransatz sowie eine Düppelwurfanlage vor der Stabilisierungsflosse unten am Heckträger zählen. Damit werden Boden-Luft- und Luft-Luft-Flugkörper gestört und abgelenkt.

Gegenüber den Triebwerken TW2-117 in den ersten Mi-24-Serien weisen die Turbinenluftstrahltriebwerke TW3-117III-Serie des Mi-24D eine höhere Leistung, ein günstigeres Beschleunigungsvermögen und eine gesteigerte Betriebssicherheit auf. Das 285 kg schwere Triebwerk TW3-117III-Serie aus dem Konstruktionsbüro Isotow weist einen 12stufigen Axialverdichter (TW2-117A: zehnstufig, Masse 330 kg) mit automatisch verstellbaren Schaufeln des Vorleitschaufelkranzes und der ersten vier Stufen der Leitschaufeln auf. In einer Ringbrennkammer mit zwölf Einspritzdüsen wird der Kraftstoff verbrannt. Nach der Ringbrennkammer sind zwei zweistufige Turbinen angeordnet. Während die erste Turbine zum Antrieb des Verdichters verwendet wird, treibt die zweite der luftgekühlten Turbinen die Trag- und Heckschraube sowie die Aggregate an. Die beiden Turbinen sind nicht mechanisch, sondern gasdynamisch miteinander verbunden. Wie bei anderen sowjetischen Hubschraubern dienen auch hier die Triebwerksverkleidungen bei der Wartung als Arbeitsbühnen.

Der Kraftstoff ist in fünf containerartigen Behältern aus textilverstärktem Gummi mit

Ein Mi-24D von vorn

eingearbeiteter Schwellschicht (verschließt bei Durchschuß die Öffnung im Gummi wieder) untergebracht, die sich im Rumpfmittelteil im Boden, hinter der Laderaumrückwand und hinter dem Hauptgetriebe befinden. Im Gefechtseinsatz ermöglicht das System für neutrales Gas, die sich entleerenden Kraftstoffbehälter mit CO_2 aufzufüllen und so die Explosionsgefahr des Kraftstoff-Luft-Gemisches stark zu verringern. Insgesamt beträgt der Kraftstoffvorrat in den fünf Behältern 2130 l. Es ist möglich, ein oder zwei Zusatzbehälter mit je 850 l Kraftstoff für Überführungen mitzunehmen.

Der Rumpf des gepanzerten Hubschraubers Mi-24D ist in Ganzmetall-Schalenbauweise hergestellt. Die wichtigsten Konstruktionselemente wurden mit Titan verstärkt, um die großen Belastungen aufnehmen zu können. Die beiden Kabinen sowie der Laderaum sind hermetisierbar, um auch über verseuchtem Gelände handeln zu können. Der Laderaum ist von beiden Seiten über Klapptüren zu betreten, deren untere Hälften als Treppen ausgebildet sind. Die stummelförmigen Tragflügel entlasten die Tragschraube mit zunehmender Geschwindigkeit stark. Ihre Neigung nach unten um 12° (negativer V-Winkel) verringert die Querstabilität des Hubschraubers. Diese für Starrflügler unerwünschte Eigenschaft wird hier bewußt genutzt, um dem Hubschrauber seitliche Flugbewegungen zu erleichtern. Die senkrecht nach unten gezogenen Enden der Tragflügel (Pylone) verbessern die Kursstabilität und tragen gleichzeitig die Startschienen der PALR. Die am Ende des Heckträgers angebrachten Stabilisatoren dienen zum Erhöhen der Längsstabilität des Hubschraubers. Sie sind steuerbar und bewegen sich synchron mit dem Gassteigungshebel. Der Endträger für die links befestigte Ausgleichsschraube erhielt die Form einer großflächigen Seitenflosse, um die Kurssteuerbarkeit des Mi-24D zu verbessern und die Heckschraube zu entlasten. Dazu wurde ihr Einstellwinkel zur Längsachse um 6° nach rechts verlegt.

Charakteristisch ist das Vierlings-MG des Mi-24D

Mit dem Mi-24 hat erstmals im sowjetischen Hubschrauberbau ein Helikopter ein einziehbares Fahrwerk erhalten. Es besteht aus dem doppeltbereiften Bugradbein (480 mm × 280 mm), den beim Einfahren um 90° drehbaren beiden Hauptfahrwerkbeinen (Haupträder: 720 mm × 320 mm), aus dem Notsporn unter dem Heck, aus bremsbaren Haupträdern sowie hydropneumatischen Stoßdämpfern. Die Steuerung erfolgt von Hand oder per Autopilot über mit Hydraulikkraftverstärkern versehene Steuergestänge bzw. -seile. Längs- und Quer-

415

steuerung sind trimmbar, die Seitensteuerung hat einen Pedaldämpfer.

Die vom Mi-8 abgeleitete Tragschraube weist fünf Blätter auf, die mit Schlag- und Schwenkgelenken sowie mit Schwenkdämpfern und automatisch verstellbaren Schlagwinkelanschlägen versehen sind. Die Ausgleichsschraube weist drei mit Schlaggelenken verbundene Blätter auf. Trag- und Heckschraube sind elektrisch zu enteisen. Zur Signalisation von Rißbildungen sind die Holme der Tragschraubenblätter mit Druckluft gefüllt.

Der als Kampf-, Transport- oder Sanitätshubschrauber gleichermaßen gut verwendbare Mi-24 hat bei seinem Erscheinen im Truppendienst der UdSSR im Jahre 1974 zahlreiche Diskussionen in der Fachwelt hervorgerufen und inzwischen international die Entwicklung von Kampfhubschraubern beeinflußt. Der Mi-24 ist im Jahre 1971 im Konstruktionsbüro M. L. Mil unter Leitung des Generalkonstrukteurs Dr.-Ing. Marat Tischtschenko geschaffen worden.

Als erste Serienausführung gilt die mit breiter, stark verglaster und ungeteilter Kanzel versehene Version Mi-24A. Ein solcher Hubschrauber mit einer einläufigen 12,7-mm-Waffe im Bug ist Exponat des Armeemuseums in Moskau. Die Schulausführung wird als Mi-24U bezeichnet. Im Jahre 1976 gelangte der Mi-24D in den Truppendienst. Die u. a. von der Volksarmee der ČSSR verwendete Aufklärungsvariante wird als Mi-24R bezeichnet, die an arabische Länder sowie an Afghanistan gelieferte Ausführung wird in der Fachliteratur

Mi-24D und Mi-8TB

Mi-25 genannt. Mi-24P ist die Typenbezeichnung in der internationalen Fachliteratur für die Ausführung, die statt der 12,7-mm-Waffe an der rechten Seite zwei 30-mm-Kanonen trägt.

Für den Mi-24 ist ein Simulator verfügbar, der auch von den Armeefliegern der NVA seit 1985/86 verwendet wird. Die neueren Mi-24D-Serien weisen Staubschutzkappen vor den Lufteinläufen der Triebwerke auf. Außerdem gibt es Mi-24 bzw. Mi-25, bei denen die seitlichen Abgasrohre über dem Laderaum mit kastenförmigen Ummantelungen versehen sind. Bezweckt wird damit, daß sich die durch die vorderen Lamellen einströmende Außenluft mit den heißen Triebwerksabgasen mischt und so die Abgastemperatur sinkt. Auf diese Art läßt sich die Abstrahlungsstärke verringern und die Sicherheit für Besatzung und Hubschrauber gegen IR-Raketen erhöhen.

International machte der Mi-24 im Jahre 1975 auf sich aufmerksam, als eine speziell dafür vorbereitete, als A-10 bezeichnete Maschine mehrere Weltrekorde aufstellte. Zunächst flogen Galina Rastorgujewa und Ludmilla Poljanska mit einem Hubschrauber, der noch die Triebwerke TW2-117 hatte. Beide erreichten folgende Ergebnisse:

1. August 1975 – 331,023 km/h auf geschlossenem 500-km-Kurs;
13. August 1975 – 332,646 km/h auf geschlossenem 1000-km-Kurs (beides zählt gleichzeitig auch als Männerrekord);
18. Juli 1975 – 334,464 km/h auf geschlossener 100-km-Strecke; 341,35 km/h über gerader 15/25-km-Meßstrecke;
8. August 1975 – Steigzeit auf 3000 m Höhe 2 min 33,5 s;
13. August 1975 – Steigzeit auf 6000 m Höhe 7 min 43 s.

Mit einem Hubschrauber A-10, der die stärkeren Triebwerke TW3-117G erhalten hatte, stellte der Mil-Testpilot Gurgen Karapetjan am 21. September 1978 über der Meßbasis 15/25 km mit 368,400 km/h einen weiteren Geschwindigkeits-Weltrekord auf.

Technische Daten von Kolbenmotor- und Passagierflugzeugen der NVA (1971 bis zur Gegenwart)

Typ	Z-43	L-410UVP	An-26	Tu-134	Tu-134A
Spannweite in m	9,76	19,48	29,20	29,01	29,01
Länge in m	7,75	14,47	23,80	34,95	37,05
Höhe in m	2,91	5,83	8,56	9,02	9,14
Tragflügelfläche in m^2	14,50	35,20	75,00	127,30	127,30
Leermasse in kg	730	3825	15 400	um 26 500	um 28 600
Startmasse in kg	1000	·	23 000	·	·
Max. Startmasse in kg	1350	5800	24 000	45 000	47 600
v_{max} in km/h	235	368	540	870	900
v_{Marsch} in km/h	210	310 ... 320	430	800 (in 10 000 m)	800 (in 10 000 m)
v_{Lande} in km/h	110	135	195	um 240	um 240
v_{Steig} in m/s	3,5	7,8	7,2	14,8	14,5
Gipfelhöhe in m	3800	6000[2)]	7500	12 000	12 000
Flugweite in km	1160[1)]	1040	1100 ... 2350	2400 ... 3000	2700 ... 3700
Startanrollstrecke in m	700	350	1360	1200 ... 2000	1200 ... 2000
Landeanrollstrecke in m	590	250	1280	1500 ... 2000	1200 ... 1600
Besatzung	1 ... 2	2	4	4	3 ... 4
Passagiere	2 ... 3	bis 15	30 ... 39	bis 72	bis 76
Nutzlast in kg	·	1310	5500	7700	8200
Triebwerk	M 337A	Walter M-601B	2 AI-24WT, 1 RU-19A-300	D-30	D-30-II
Anzahl/Art	1/Reihenmotor	2/PTL	2/PTL, 1/TL	2/ZTL	2/ZTL
Startleistung bzw. -schub	154 kW	2×544 kW	2×2075 kW, 1×7,85 kN	2×66,68 kN	2×69,38 kN
Kraftstoffvorrat	230 l	1000 kg	7000 l (5500 kg)	·	·

1) max. Reichweite bei v_{Reise} in 1500 m Höhe; 2) mit Passagieren 3000 m

Technische Daten von Hubschraubern der NVA (1971 bis zur Gegenwart)

Typ	Mi-2	Mi-8TB	Mi-14PL	Mi-24D
Rumpflänge in m	11,94	18,31	18,37	16,80
Länge ü. a. in m	17,42	25,28	25,32	21,35
Höhe ohne Heckschraube in m	3,75	4,73	6,88	3,97
Frachtraumgröße	–	5,34 m × 2,20 m × 1,82 m	–	2,53 m × 1,46 m × 1,20 m
Tragschraubendurchmesser in m	14,50	21,29	21,29	17,30
Tragschraubenkreisfläche in m^2	165,00	355,81	355,92	235,00
Heckschraubendurchmesser in m	2,70	3,91	3,91	3,91
Leermasse in kg	2365	7 422	8 275	8 500
Nutzlast in kg	700	3 599	3 000	1 500
Max. Außenlast in kg	800	2 000	·	2 000
Startmasse in kg	3550	11 564	13 000	11 200
Max. Startmasse in kg	3700	12 000	14 000	11 500
v_{max} in km/h	210	230 ... 250	230	330
v_{Marsch} in km/h	180	180 ... 200	165 ... 210	260
v_{Steig} in m/s	4,5	4,5	7,8 (13 000 kg)	12,5 ... 9,6
Steigzeit auf 1000 m in min	5,5	·	2,3 (13 000 kg)	1,8
Prakt. Gipfelhöhe in m	4000	4500	4000 (13 000 kg)	4500
Reichweite in km	160 ... 580	465 ... 650	800 ... 1135	750
Besatzung/Passagiere	2/6 ... 8	3/24	4	2 ... 3/8
Triebwerk	GTD-350	TW2-117A	TW3-117M	TW3-117
Anzahl/Art	2/Turbine	2/Turbine	2/Turbine	2/Turbine
Startleistung in kW	2 × 294	2 × 1104	2 × 1620	2 × 1635
Nennleistung in kW	2 × 235	2 × 883	2 × 1417	2 × 1250
Kraftstoffvorrat	465 kg + 370 kg	1870 l + 915 l	3800 l + 500 l	1650 kg + 1318 kg
Bewaffnung	4 × 7,62-mm-MG, 2 × 16 57-mm-Raketen oder 2 Bomben bis 100 kg	1 12,7-mm-MG, 6 PALR, 6 × 32 57-mm-Raketen oder Bomben	Wasserbomben, UAW-Torpedos	1 12,7-mm-MG, 4 PALR, 128 57-mm-Raketen oder Bomben

Technische Daten von strahlgetriebenen Flugzeugen der NVA (1971 bis zur Gegenwart)

Typ	MiG-21M	MiG-21MF	MiG-21bis	MiG-23MF
Spannweite in m	7,15	7,15	7,15	7,80 ... 14,00
Länge in m	13,46	13,46/15,76	·/15,76	16,70
Höhe in m	4,10	4,10	4,10	4,80
Tragflügelfläche in m^2	23,00	23,00	23,00	34,00
Leermasse in kg	5950	6000	5350	8200
Startmasse in kg	8950	8200	7960	15500
Max. Startmasse in kg	9400	9400	9500	18500
v_{max} in km/h (bei Höhe in m)	1100 (0)	1100 (0)	·	1350 (0)
v_{max} mit Nachbrenner in km/h (bei Höhe in m)	2230 (11000)	2230 (11000)	2230	2500
v_{Lande} in km/h	270	270	270	250 ... 260
Gipfelhöhe in m	19000	18000	19000	17500
Reichweite in km	1100	1100	·	930 ... 1100
Reichweite mit Zusatzbehälter in km	1800	1800	1850	3000
Flugdauer in min	·	80	·	90
Triebwerk	37 F2S	R-13-300	R-25-300	R-29
Startschub/mit Nachbrenner in kN	38/61	40,0/64,8	73,6/93,5	81/120
Bewaffnung	1 GSch-23, 4 L-L-Raketen, 96 57-mm-Raketen oder Bomben	1 GSch-23, 4 L-L-Raketen, 96 57-mm-Raketen oder 4 Bomben (insg. 2000 kg)	1 GSch-23, 4 L-L-Raketen, 96 57-mm-Raketen oder 4 Bomben	1 GSch-23L, 3000 kg Waffenzuladung
Besatzung	1	1	1	1

Die technischen Daten sind der internationalen Fachliteratur entnommen (siehe Literaturanhang).

MiG-23ML	MiG-23BN	MiG-29	Su-22	L-39ZO
7,80 ... 14,00	7,80 ... 14,00	11,40	10,00 ... 14,00	9,46
16,80/·	16,80	17,00	18,75	12,13
4,10	4,80	4,70	6,60	4,72
34,00	34,00	43,50	34,45	18,80
8 200	10 700	10 000	10 800	3540
14 700	16 500	15 000	16 300	4500
17 300	20 100	18 000	20 000	5600
1400 (0)	1350 (0)	1500 (0)	1350 (0)	755 (5000)
2500	1800	2440 (11 000)	2300	–
250	250 ... 260	250	285	170 ... 180
18 000	16 800	18 000	17 000	11 500
1100	575	2100 (als Jäger)	2500	800
3000	1370	·	·	·
·	·	·	·	480 ... 560
R-29	R-29B	R-33D	AI-21F-3	AI-25TL
78,5/122	77/110	2×50/2×81	76,5/110	16,87
1 GSch-23L, 3000 kg Waffenzuladung	1 GSch-23L, 3000 kg Waffenzuladung	1×23-mm-Kanone, 6 L-L-Raketen, ungel. Raketen oder Bomben	2 NR-30, 4000 kg Waffenzuladung	Raketen oder Bomben bis zu 1000 kg Gesamtmasse
1	1	1	1	2

Literaturverzeichnis

1 Sowjetskoje strelkowoje orushije/Bolotin, D. N. – Moskau, 1986.
2 Samolot myśliwski MiG-21/Butowski, P. – Warschau, 1986.
3 Samoloty MiG/Butowski, P. – Warschau, 1987.
4 MiG-Flugzeuge/Eyermann, K.-H. – Berlin, 1986.
5 Smiglowiec Mi-2/Grzegorzewski, J. – Warschau, 1979.
6 Samoloty '85/Glass, A. – Warschau, 1986.
7 Handbuch Flugzeugversorgungstechnik – Berlin, 1987.
8 Handbuch für Flugsicherungspersonal – Berlin, 1988.
9 Das große Flugzeugtypenbuch/Kopenhagen, W. – Berlin, 1987.
10 Sowjetische Jagdflugzeuge/Kopenhagen, W. – Berlin, 1985.
11 Lexikon Sowjetluftfahrt/Kopenhagen, W. – Berlin, 1986.
12 Ilustrovaná historie letectvi/Krumbach, J.; Vrany, J. – Prag, 1985.
13 Vom Küstenschutzboot zum Raketenschiff/Mehl, H.; Schäfer, K.; Israel, U. – Berlin, 1987.
14 Letadla československych pilotu – Prag, 1986.
15 Militärtechnische Hefte – Berlin, 1983/1984:
- Transport- und Verbindungsflugzeuge/Bader, G.; Grass, D.
- Strahltrainer/Kopenhagen, W.
- Jagdflugzeuge/Kopenhagen, W.
- Kampfhubschrauber/Kopenhagen, W.

16 Lotnictwo Kraju Rad.
17 Zeittafel zur Militärgeschichte der Deutschen Demokratischen Republik 1949 bis 1984 – Berlin, 1986.
18 Samoloty, szybowce, śmiglowce.../Glass, A. – Warschau, 1987.
19 Samoloty bojowe swiata/Makowski, T. – Warschau, 1986.
20 Wspolczesne samoloty myśliwskié/Grzegorzewski, J. – Warschau, 1988.
21 Zeitschriften und Zeitungen verschiedener Jahrgänge:
- armeerundschau – Berlin
- atom – Prag
- Fliegerrevue – Berlin
- Krylja Rodiny – Moskau (Daten MiG-29 aus Nr. 10/88)
- Letectvi + Kosmonautika – Prag
- Luftverteidigung – Strausberg
- militärtechnik – Berlin
- Skrzydlata Polska – Warschau
- VOLKSARMEE – Berlin
- Wojskowy Przeglad Techniczny – Warschau

Kampfhubschrauber
Mi-24D

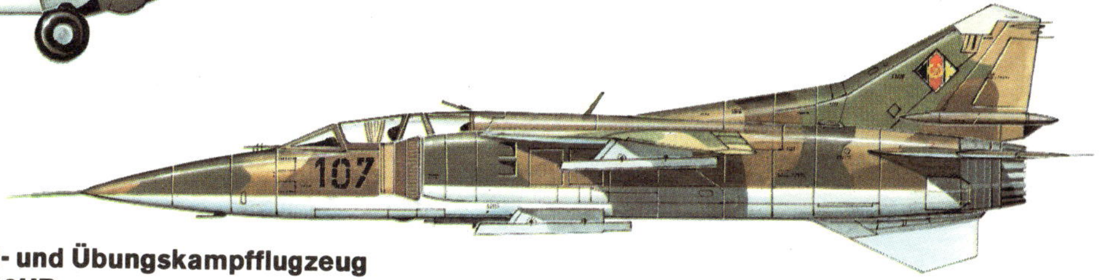

Schul- und Übungskampfflugzeug
MiG-23UB

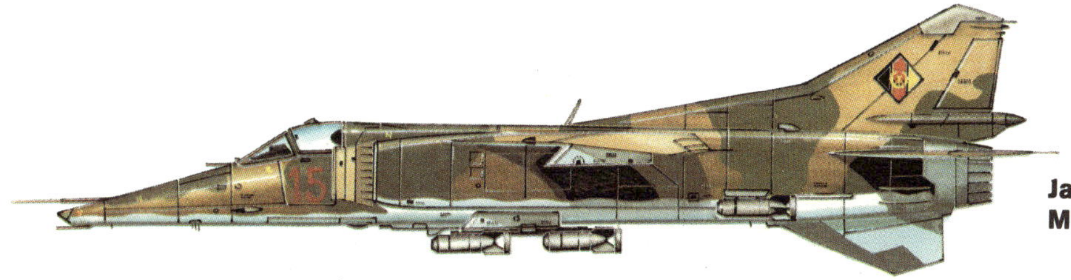

Jagdbombenflugzeug
MiG-23BN

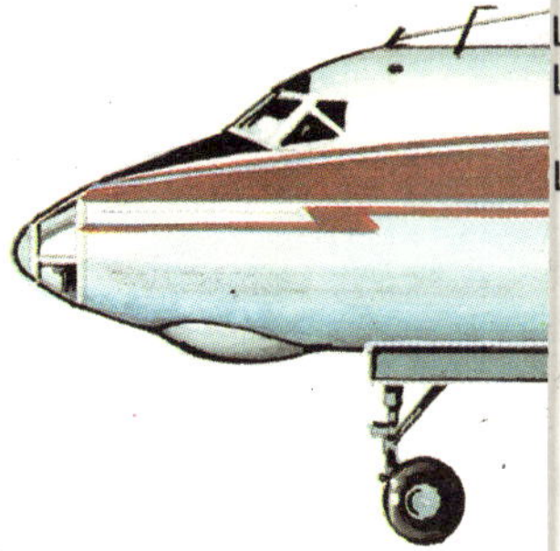

Schul- und Übungsflugzeug
L-39ZO «Albatros»

Jagdbombenflugzeug
Su-22

Typenregister

Namenregister

Inhaltsverzeichnis